四川攀枝花苏铁国家级自然保护区
常见野生动物

张　永　杨永琼　毛岭峰　杨　永　主编

中国林業出版社
China Forestry Publishing House

图书在版编目(CIP)数据

四川攀枝花苏铁国家级自然保护区常见野生动物 / 张永等主编. -- 北京 : 中国林业出版社, 2024.3

ISBN 978-7-5219-2683-5

Ⅰ. ①四… Ⅱ. ①张… Ⅲ. ①自然保护区—野生动物—介绍—攀枝花市 Ⅳ. ①Q958.527.13

中国国家版本馆CIP数据核字(2024)第082508号

策划编辑：肖　静

责任编辑：葛宝庆　肖　静

装帧设计：北京八度出版服务机构

———————————————

出版发行：中国林业出版社

（100009，北京市西城区刘海胡同7号，电话 83143612）

电子邮箱：cfphzbs@163.com

网址：www.forestry.gov.cn/lycb.html

印刷：北京雅昌艺术印刷有限公司

版次：2024年3月第1版

印次：2024年3月第1次印刷

开本：889mm×1194mm　1/16

印张：16.5

字数：460千字

定价：168.00元

编辑委员会

前　言

四川攀枝花苏铁国家级自然保护区（以下简称“保护区”）是目前我国唯一以国家一级保护野生植物攀枝花苏铁（*Cycas panzhihuaensis*）及其生态环境为主要保护对象的野生植物类型自然保护区。保护区是1983年经原渡口市（现攀枝花市）人民政府批准建立的市级自然保护区，于1996年由市级破格晋升为国家级。保护区地处我国云贵高原西北部攀枝花市，位处西区、仁和区交界处，总面积1358.3公顷，区内有天然生长的攀枝花苏铁38.5万株，是欧亚大陆苏铁类植物自然分布纬度最北、海拔最高、面积最大、株数最多、分布最集中的天然苏铁林。

保护区位于金沙江北岸的巴关河西坡及格里坪后山，地处攀西裂谷中南段，地势陡峭、河谷深切，属于典型的南亚热带半干旱河谷气候类型，夏季长，旱季与雨季分明，昼夜温差大，气候干燥，降雨量集中在雨季，冬季气候温和，日照充沛，热量丰富。保护区以攀枝花苏铁为主要保护对象，在旗舰物种的伞护作用下，有大量野生动物在此栖息、繁衍，多样性也极其丰富。部分野生动物对攀枝花苏铁的保护也发挥着重要作用，如传粉、种子传播、虫害防控等，而形成一个和谐共生、相对稳定的生态系统。

2022—2023年，四川攀枝花苏铁国家级自然保护区保护中心联合南京林业大学、成都理工大学等科研团队，开展了生物资源综合科学考察。在野生动物调查方面，科考人员综合运用样线法、样点法、红外触发相机法、灯诱法、访问调查法等方法，经过近2年的野外调查，较全面地摸清了保护区内野生动物资源现状。

本书基于2022—2023年综合科学考察所获得的图片和数据，也参考了2014年的科学考察报告，经甄别遴选，共收录了保护区内常见野生动物219种，包括脊椎动物151种（哺乳动物3目7科13种、鸟类11目37科120种、爬行动物1目6科13种、两栖动物1目3科5种）和昆虫68种（隶属于5目35科）。其中，国家重点保护野生动物22种（哺乳动物2种，鸟类19种，爬行动物1种），均为国家二级保护野生动物；全球受胁物种2种，保护等级均为易危（VU）。按照《中国兽类图鉴（第三版）》（刘少英等，2019）、《中国鸟类特有种》（雷富民和卢汰春，2006）、《中国蛇类（上）》（赵尔宓，2006）、《中国动物地理》（张容祖，1999）中对动物地理区系的划分并结合最新的野生动物分布数据，书中收录的中国特有脊椎动物共计12种。

本书各类群按动物系统发育顺序由高等至低等进行排列，脊椎动物目、科分类顺序分别参照《中国兽类图鉴（第三版）》（刘少英等，2019）、《中国鸟类分类与分布名录（第四版）》（郑光美，2023）、《中国蛇类（上）》（赵尔宓，2006）、《中国动物志：爬行纲第三卷（有鳞目蜥蜴亚目）》（赵尔宓等，1999）、《中国动物志：两栖纲中卷（无尾目）》（费梁，2009）、《中国动物志：两栖纲下卷（无尾目）》（费梁，2009）；昆虫参照《昆虫分类学（第二版）》（袁锋，2006）。个别类群结合了最新的分类学研究进展进行更新调整。我们提供了每个物种的中文名、学名、系统归属、形态特征、习性以及保育信息（由于昆虫纲许多物种网络信息和文献信息的缺失，故仅对这一纲的物种进行了形态和习性的介绍），对于全球受胁物种（《世界自然保护联盟濒危物种红色名录》中濒危等级为极危CR、濒危EN、易危VU）、国家重点保护野生动物（国家一级、国家二级）以及中国特有种（物种名前用“特”）进行标注，并配以图片，为保护区常见野生动物识别提供了参考。

本书旨在为保护区保护中心的管理人员、野生动物保护工作者、广大野生动物爱好者和其他对金沙江干热河谷生物多样性保护和资源利用感兴趣的同仁提供指引，也可以作为自然教育、高校和研究机构在保护区开展野外实践的参考书。

由于准备时间较短且水平有限，本书难免出现不足和疏漏之处，恳请专家和同仁批评。

编辑委员会

2024年1月

目 录

01 哺乳纲 Mammalia

02 鸟纲 Aves

03 爬行纲 Reptilia

04 两栖纲 Amphibian

05 昆虫纲 Insecta

Mam

01 哺乳纲

黄鼬 *Mustela sibirica*

鼬科 Mustelidae　　食肉目 Carnivora

形态特征：体长28～39厘米，尾长20～31厘米，体重0.6～1.2千克。身体瘦长，四肢短而灵活，毛色多为棕黄色或浅黄色，腹部颜色较浅。头部较小，有尖长的鼻子和小而圆的耳朵，眼睛较小，吻端和颜面部深褐色；鼻端周围、口角和额部是白色，杂有棕黄色。

习性：黄鼬是一种常见小型食肉兽类，主要以小型哺乳动物、鸟类、爬行动物、昆虫、蛙类、鱼类为食，也会取食果实和种子。在野外，黄鼬通常单独生活。繁殖期在春季。

生境：黄鼬多栖息于平原、沼泽、河谷、村庄、城市和山区等地带。

黄腹鼬 *Mustela kathiah*

鼬科 Mustelidae　　　　食肉目 Carnivora

形态特征：头体长9.8～10.6厘米，尾长12～15厘米，体重0.15～0.3千克。体形略小于黄鼬，黄腹鼬头骨颅型与香鼬的相似，略大于后者。吻短，两眶下孔之间的最小宽度约等于眶下孔后缘至吻端的长度。尾长而细，前、后足趾、掌垫都很发达，上体背部为咖啡褐色，腹部从喉部经颈下至鼠蹊部及四肢肘部为沙黄色。

习性：通常在夜间和晨昏活跃，穴居，主要占用其他动物的巢穴。单个或成对活动，会游泳，但很少上树。该种主要以鼠类为食，同时也吃鱼、蛙、昆虫，偶尔也会取食浆果。繁殖期在春季。

生境：通常出没于山地森林、草丛、低山丘陵、农田及村庄附近。

黄喉貂 *Martes flavigula*

鼬科 Mustelidae　　　　食肉目 Carnivora

形态特征：体长56～65厘米，尾长38～43厘米，体重2～3千克。耳部短而圆，尾毛不蓬松。体形柔软而细长，呈圆筒状。头较为尖细，略呈三角形；四肢短小，前后肢各有5个趾，趾爪粗壮、弯曲而尖利。身体的毛色较鲜艳；头及颈背部、身体的后部、四肢及尾巴均为暗棕色至黑色；喉胸部毛色鲜黄色；腰部呈黄褐色，其上缘还有一条明显的黑线，因此得名。腹部呈灰褐色，尾巴为黑色，皮毛柔软而紧密。

习性：中型肉食性鼬科兽类，早晚活动频繁。性情凶狠，常单独或数只集群捕猎较大的草食动物。其猎物包括小型鸟兽、鱼，甚至是大型偶蹄目动物如野猪、麂等，行动快速敏捷，擅长合作捕猎，是保护区的顶级掠食者，发情期通常在6—7月，次年5月产仔，每胎产2～4只幼仔。

生境：活动于海拔3000米以下常绿阔叶林和针阔叶混交林区、丘陵或山地森林中。常在保护区西北侧的常绿落叶阔叶林带活动。

保护等级：国家二级。

鼬獾 *Melogale moschata*

鼬科 Mustelidae　　食肉目 Carnivora

形态特征：体长35～40厘米，尾长14～20厘米，体重1.2～2.5千克。身体呈棕黑色，有白色条纹；眼睛周围有黑色斑点；耳朵短小，呈圆形。前额、眼后、耳前、颊和颈侧有不定形的白色或乳白色斑，有的个体为橙黄色斑点，一般均与喉、腹部的色区相连。上唇、鼻端两侧白色或浅黄色；耳内、耳缘被有白色或乳白色短毛，耳背与体背同色。

习性：夜行性动物，夜间觅食。杂食性，主要以昆虫、小型哺乳动物、鸟类、蛇、青蛙、蜗牛、果实和种子为食。于春夏季节繁殖，雌性怀孕期为6～7周，一般会在洞穴中生育，每胎产3～4只幼仔，幼仔出生后由母兽照料。

生境：栖息在森林、灌丛、草原和农田等多种环境中，有时也见于城市公园。在保护区内常见。

狗獾 *Meles leucurus*

鼬科 Mustelidae　　食肉目 Carnivora

形态特征： 体长45～55厘米，尾长9～20厘米，体重3.5～17千克。狗獾在鼬科中是体形较大的种类。吻鼻长；鼻端粗钝，具软骨质的鼻垫，鼻垫与上唇之间被毛；耳壳短圆；眼小。颈部粗短，四肢短健，前后足的趾均具粗而长的黑棕色爪，前足的爪比后足的爪长，尾短。肛门附近具腺囊，能分泌臭液。

习性： 杂食性，以植物的根、茎、果实和蛙、蚯蚓、小鱼、昆虫（幼虫及蛹）和小型哺乳类等为食。狗獾每年繁殖一次，9—10月雌雄互相追逐，进行交配，次年4—5月产仔，每胎产2～5只幼仔。

生境： 栖息于森林中或山坡灌丛、田野、沙丘草丛及湖泊、河溪旁边等各种环境中，该物种为广布种，生态位与东洋界物种猪獾重叠。在保护区内其种群数量少于猪獾。

猪獾 *Arctonyx collaris*

鼬科 Mustelidae　　食肉目 Carnivora

形态特征：体长50～70厘米，尾长11～22厘米，体重5～10千克。身体长而宽，四肢短粗，脊背隆起，头部相对较小，长有刚毛和刺毛。身体呈灰褐色或黑色，头部和背部有较密的短刚毛，尾巴短小。鼻子长而尖，呈锥形；吻鼻部比较突出，能很好地嗅探周围环境。与狗獾相比，猪獾的吻部更狭长且偏圆。

习性：杂食性，以小型鼠类、植物根以及土壤里的昆虫等为食。它们的锋利门牙能够帮助它们挖掘地洞和寻找食物。繁殖季节一般在秋冬季，雌兽每胎可产4～12只幼仔。猪獾是比较敏感的动物，善于嗅探和听觉，能够很好地适应环境。当受到威胁时，猪獾会用锋利的门牙和锥形的鼻子进行攻击或防御。

生境：栖息于山地阔叶林、针阔叶混交林、灌草丛，也见于草原、湿地等环境。

花面狸 *Paguma larvata*

灵猫科 Viverridae　　食肉目 Carnivora

形态特征：花面狸又称果子狸，体长40～60厘米，尾长45～70厘米，体重一般在3～7千克。身体呈灰色、棕色或黑色，腹部为白色或黄色。头部小而圆，耳朵较大，眼睛呈椭圆形。毛发柔软而密集，覆盖全身，尤其是尾巴上的毛更为丰厚，具有保护作用。四肢短而粗壮，爪子锐利，适于攀爬和抓捕猎物。其尾巴也很强壮，可以用来维持平衡和攀爬树木。

习性：具有非常敏锐的嗅觉和视力，便于在夜间觅食和躲避天敌袭击。夜行性动物，生活在森林、丛林和山地等栖息地，主要以水果、昆虫、小型哺乳动物和鸟类为食，也会吃一些植物的根、茎和树皮。

生境：主要栖息在森林、灌木丛、岩洞、树洞或土穴中。

豹猫 *Prionailurus bengalensis*

猫科 Felidae　　　　食肉目 Carnivora

形态特征：一种小型猫科动物，身体相对纤瘦，平均体重2～5千克。头部较圆，有明显的瞳孔和触须，耳朵上有黑色的耳背斑，眼睛周围有白色的眼圈。毛色和斑点非常漂亮，通常是黄色或灰色底色，全身布满黑色斑点或斑纹，尾巴上有黑白相间的环纹。

习性：夜行性动物。独居动物，不同个体之间会有明显的领地行为。主要以小型哺乳动物、鸟类、爬行动物和昆虫为食，具有很强的捕猎能力和敏锐的听觉、视觉和嗅觉。爪子比较锐利，非常善于攀爬和跳跃。繁殖期在2—8月，每年可产1～4只幼仔。幼仔在出生后需要母亲的照顾，大约3个月时开始学习独立捕食和生存技能。

生境：主要栖息于山地林区、郊野灌丛和林缘村寨附近。分布的海拔高度范围可从低海拔海岸带一直到海拔3000米高山林区。窝穴多在树洞、土洞、石块下或石缝中。保护区内唯一的野生猫科动物。

保护等级：国家二级。

赤麂 *Muntiacus vaginalis*

鹿科 Cervidae　　　　偶蹄目 Artiodactyla

形态特征：体形较小的有蹄类动物，体长一般100厘米左右，肩高约60厘米，尾长约10厘米。身体纤细，四肢修长，头部相对较小，尾巴短小。夏季毛色为红褐色，冬季毛色为褐色。腹部毛色较浅，一般为白色。雄性赤麂的角质层较为发达，两侧向外弯曲。

习性：主要以植物为食，也会食用昆虫、蛙类等小型动物。活动隐秘，多在夜间活动，白天通常躲在树丛或者草丛中休息。独居动物，它们主要以味觉和视觉等方式进行交流，通过留下气味来标记自己的领地。繁殖季节一般在年底至次年初，雌性赤麂怀孕期为6个月左右，每胎通常只产1～2只幼仔。

生境：栖息在常绿林、落叶林和针叶林等不同类型的森林。保护区内最常见的偶蹄目兽类，保护区全域均有分布。

赤腹松鼠 *Callosciurus erythraeus*

松鼠科 Sciuridae　　啮齿目 Rodentia

形态特征：体长20～25厘米，尾长20～25厘米，体重0.1～0.15千克。头部和上身呈灰色，腹部呈淡红色。尾巴较长且呈灰色，有黑色的细毛。眼睛较大，呈黑色。耳朵较小，耳后有一撮黑色毛。有锐利的爪子，适合攀爬。具有锋利的门齿和磨牙，适合啃食种子和坚果。形态特征有一定的地域差异，不同亚种的颜色和大小也可能有所不同。

习性：主要在白天活动，晚上则在树洞、树冠或树枝上休息。食物主要以松子为主。独立生活的动物，每只都有自己的领地和巢穴，会用食物来标记自己的领地。繁殖期在每年的3—5月，雌性一般会在树洞或树干缝隙中产下1～3只幼仔，幼仔出生后需要母兽照顾和哺育。

生境：保护区内较为常见，适应各种类型的森林生境，常见于保护区高大乔木的树杈间。

特 岩松鼠 *Sciurotamias davidianus*

松鼠科 Sciuridae　　　　啮齿目 Rodentia

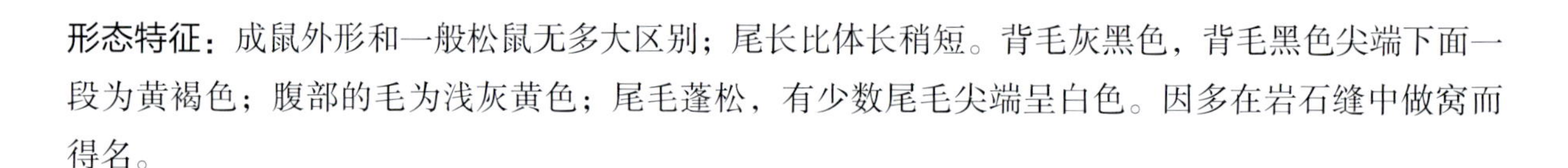

形态特征：成鼠外形和一般松鼠无多大区别；尾长比体长稍短。背毛灰黑色，背毛黑色尖端下面一段为黄褐色；腹部的毛为浅灰黄色；尾毛蓬松，有少数尾毛尖端呈白色。因多在岩石缝中做窝而得名。

习性：岩松鼠是半树栖和半地栖的松鼠。昼行性，遇到惊扰后，迅速逃离，奔跑一段后常停下回头观望。攀爬能力强，在悬崖、裸岩、石坎等多岩石地区活动自如。岩松鼠喜食带油性的干果，如油松松子、核桃、山杏、栗等，能窃食谷物等农作物。有贮食习性，将干果存于树洞等处，一只岩松鼠可能有多个贮食的地点。

生境：多栖息于山地、丘陵多岩石的森林环境。

马来豪猪 *Hystrix brachyura*

豪猪科 Hystricidae　　　　啮齿目 Rodentia

形态特征：头体长50～70厘米，尾长6～11厘米，体重10～18千克。颈侧、局部以及体背为棕色。腹面围绕颔下，起于两肩间具半圆形淡色环，其余为棕褐色。头部覆以棕褐色短毛，耳裸出，背部密被棕褐色棘刺。体前部棘刺较短，体后部较长，臀部最长（约30厘米），棘刺中空而略呈梭形。体腹面与四肢处的棘刺较短而软。隐于臀部白色棘刺之下。周身棘刺之间有稀疏的污白色长毛。

习性：以植物的根、块茎、树皮和掉落的水果为食，也会吃昆虫，亦会食动物骨头以磨牙，并补充钙、磷元素。通常以家庭为单位生活，日间会栖身于地洞或灌木丛中。遇到捕食者会迅速竖起背脊硬刺，并用后肢拍打地面以吓退敌人。如果受到进一步威胁，会冲向敌人，并用硬刺展开攻击。

生境：栖息在森林中，也会出没在森林附近的开放地带。生活的海拔高度可达1300米。

云南兔 *Lepus comus*

兔科 Leporidae　　兔形目 Lagomorpha

形态特征： 体长一般30～45厘米，尾巴长10～12厘米。有着灰棕色的背毛和白色的腹部毛，身体略呈圆形，耳朵较长，四肢修长，尾巴短小。与其他野兔相比，耳朵和尾巴较短。另外，牙齿也有一些独特的形态特征，其中前臼齿（即兔齿）比后臼齿更加发达，而上颌前齿孔比其他兔科动物要小一些。

习性： 杂食性动物，主要吃草、树叶、树皮、树枝、花和种子，也会吃昆虫、蜗牛和其他小型无脊椎动物。通常在夜间活动。在繁殖季节，雄兔会保护自己的领地，并且吸引雌兔交配。

生境： 栖息在海拔1000～4000米的森林和灌木丛中，也可以在农田、草地和人类居住区周围的草丛中出没。它们可以在高海拔和低氧环境下生存，并且可以适应较干燥的气候条件。在保护区内常见。

A
V

02
乌 纲

e s

环颈雉 *Phasianus colchicus*

雉科 Phasianidae　　鸡形目 Galliformes

形态特征：体长60～80厘米。它们的羽毛颜色多为棕色、灰色和黑色，颈部羽毛有黑色环带，如同项圈一般。雄鸟颜色比雌鸟鲜艳，头部和胸部有红色的斑点和条纹。环颈雉的喙长而弯曲，腿长而有力，趾锐利。

习性：在早晨和傍晚活跃。杂食性，主要以种子、嫩芽、昆虫、小型无脊椎动物和小型脊椎动物为食。通常在春季和夏季进行繁殖。它们的巢穴通常建在地面上，卵数为5～15个。

生境：栖息于低山丘陵、农田、地边、沼泽草地，以及林缘灌丛和公路两边的灌丛与草地中。

㊕白腹锦鸡 *Chrysolophus amherstiae*

雉科 Phasianidae 鸡形目 Galliformes

形态特征：雄鸟体长100～120厘米，头部蓝黑色，头后有一块红斑；眼周淡蓝色；后颈部有一片蓬松的黑白相间的羽毛；胸部蓝黑色；背部绿色，有金属光泽；两翅蓝色，翅缘白色；背部后方黄色至红色；腹部白色；尾极长，黑白相间。雌鸟体长50～70厘米，多棕色，全身布满暗色横纹，腹部及后颈部色较淡。

习性：昼行性鸟类，偏好晨昏活动。杂食性，以地面的无脊椎动物、树果、种子为食。春季繁殖，通常产下8～12枚褐色斑点的卵。

生境：生活在森林和灌丛中，喜欢在密集的草丛和低矮的树林中栖息。保护区内较为常见的一种雉类。

保护等级：国家二级。

雄 雌

鹌鹑 *Coturnix japonica*

雉科 Phasianidae　　　　鸡形目 Galliformes

形态特征：身体短而圆，体长15～20厘米。头部圆形，颈部短，喙短而尖，眼睛大而圆。羽毛以黄褐色为主，具有黑色和白色斑点，背部有黑褐色的横纹。

习性：杂食性动物，主要以种子、嫩芽、昆虫、小型无脊椎动物等为食。通常在4—8月进行繁殖，窝卵数为6～18个。

生境：栖息地范围广泛，包括田野、灌木丛、草原、山地等环境。

山斑鸠 *Streptopelia orientalis*

鸠鸽科 Columbidae　　鸽形目 Columbiformes

形态特征：体长28～33厘米，颈侧具明显黑白色条纹的块状斑；上体深褐色、具扇贝状斑纹，羽缘棕色；尾羽近黑色；下体多偏粉色。虹膜黄色，喙灰色，脚粉色。

习性：白天活动，清晨和傍晚时最为活跃。主要以种子、嫩芽、谷物为食，有时也吃昆虫幼虫。在温暖的地区，几乎全年繁殖。它们通常会在树上或灌木丛中建造巢穴，卵数为2个。山斑鸠是一种适应性强的鸟类，对于栖息地的要求不高。

生境：相较于珠颈斑鸠，山斑鸠更喜欢栖息在郁闭度较高且具有一定海拔梯度的山地、山麓，偶尔也会出现在平地的林区。

火斑鸠 *Streptopelia tranquebarica*

鸠鸽科 Columbidae　　鸽形目 Columbiformes

形态特征：雄鸟头顶和后颈蓝灰色，颏和上喉蓝白色，后颈基有1道明显而狭窄的黑色半领圈；背、肩、翅上覆羽及下体为砖红色，但下体色略浅，向后转至白色；初级飞羽近黑色，腰、尾上覆羽等暗蓝灰色，中央尾羽暗褐色，其余尾羽灰黑色而有宽的白色端斑。雌鸟色彩相对暗淡。

习性：日行性鸟类，食性与山斑鸠类似，繁殖期为4—6月，产卵2～3枚。

生境：主要生活在草地、灌木丛和农田等环境中，喜欢在矮树和灌木上觅食。

山斑鸠

珠颈斑鸠

雄

珠颈斑鸠 *Streptopelia chinensis*

鸠鸽科 Columbidae　　鸽形目 Columbiformes

形态特征： 头为浅灰色，上体大都褐色，下体粉红色。后颈有宽阔的黑色，其上满布以白色细小斑点形成的领斑，在淡粉红色的颈部映衬下极为醒目。腿短而有力，喜欢在地面踱步觅食。

习性： 昼行性，清晨和傍晚最为活跃，主要以植物种子为食，特别是农作物种子，如稻谷、玉米、小麦、豌豆等，有时也会取食昆虫幼虫。在长江以南地区全年均可繁殖，每次产卵2～3枚。通常营巢于小树枝杈上或在矮树丛和灌木丛间营巢，也见于山边岩石缝隙中营巢，甚至是居民区的阳台，巢呈平盘状，看起来简陋又松散。

生境： 栖息于有稀疏树木生长的平原、草地、低山丘陵和农田地带，也常出现于村庄附近的杂木林、竹林。

噪鹃 *Eudynamys scolopaceus*

杜鹃科 Cuculidae　　鹃形目 Cuculiformes

形态特征：中型鸟类，体长30～40厘米，尾长。雄鸟通体蓝黑色，具蓝色光泽；下体沾绿。雌鸟上体暗褐色，略具金属绿色光泽，并满布整齐的白色小斑点；头部白色小斑点，且较细密，常呈纵纹头状排列；背、翅上覆羽及飞羽，以及尾羽常呈横斑状排列；颏至上胸黑色，密被粗的白色斑点；其余下体具黑色横斑。虹膜深红色；喙白至土黄色或浅绿色，基部较灰暗。

习性：日行性，食性相较于杜鹃更繁杂。主要以榕树、芭蕉和无花果等植物果实及种子为食，也吃毛虫、蚱蜢、甲虫等昆虫。繁殖期在4—8月，产卵1～2枚，具有巢寄生行为，常见的寄主有白头鹎、红耳鹎等。

生境：常出现在村寨和耕地附近的高大乔木上。多单独活动，常隐蔽于大树顶层茂盛的枝叶丛中。

四声杜鹃 *Cuculus micropterus*

杜鹃科 Cuculidae　　鹃形目 Cuculiformes

形态特征：羽毛以灰色和白色为主，头部和颈部呈灰色，背部和尾部呈深灰色，腹部为白色。喙短而弯曲，黑色；眼睛大而圆，眼周有淡黄色的眉斑。

习性：日行性，主要以各种昆虫为食，尤其喜食鳞翅目的昆虫幼虫（如松毛虫，天牛幼虫），是重要的农林益鸟。繁殖期在4—7月，和其他杜鹃科鸟类一样，通常采用巢寄生的方式养育幼鸟。其叫声会发出4种不同的声调，四声杜鹃故此得名。

生境：栖息于山地森林和山麓平原地带的森林中，尤以混交林、阔叶林和林缘疏林地带活动较多，有时也出现于农田地边树上。

大杜鹃 *Cuculus canorus*

杜鹃科 Cuculidae　　鹃形目 Cuculiformes

形态特征：体形中等，雄性比雌性个头大，更强壮。上体暗灰色，腰及尾上覆羽沾蓝色；下胸、腹及胁为白色，具黑褐色细横斑；尾羽黑色具模糊横斑，无黑色次端斑，中央尾羽具有左右成对白点。

习性：日行性，通常在清晨和傍晚时分活跃。主要以松毛虫、舞毒蛾、松针枯叶蛾，以及其他鳞翅目幼虫为食。繁殖期为5—7月，主要采用巢寄生的方式养育幼鸟。因繁殖期常昼夜反复发出“布谷”的鸣叫声，故又叫作“布谷鸟”。

生境：栖息于山地、丘陵和平原地带的森林中，有时也出现于农田和居民点附近高大乔木上。

大杜鹃雏鸟向红尾水鸲（雌）索食。

夜鹭 *Nycticorax nycticorax*

鹭科 Ardeidae　　鹈形目 Pelecaniformes

形态特征：中型涉禽，体长46～60厘米。体较粗胖，颈较短；头顶至背黑绿色而具金属光泽；上体余部灰色；下体白色；枕部披有2～3枚长带状白色饰羽，下垂至背上，极为醒目；喙尖细，微向下曲；虹膜为血红色；胫裸出部分较少，脚和趾黄色。

习性：晨昏和夜间活动频繁，主要以鱼、蛙、虾、水生昆虫等动物性食物为食。通常于黄昏后从栖息地分散成小群出来活动，三三两两于水边浅水处涉水觅食，也单独伫立在水中树桩或树枝上等候猎物，眼睛紧紧地凝视着水面。繁殖期为4—7月，产卵3～5枚，通常营巢于各种高大的树上。

生境：栖息和活动于平原和低山丘陵地区的溪流、水塘、江河、沼泽和水田地上附近的乔木、竹林，白天常隐蔽在沼泽、灌丛或林间。

亚成鸟

亚成鸟

成鸟

斑头鸺鹠 *Glaucidium cuculoides*

鸱鸮科 Strigidae　　鸮形目 Strigiformes

形态特征： 体长约24厘米，无耳羽簇，体色为棕褐色并具浅色横纹；颏纹白色，肩部具1道白色斜纹，腹部白色具棕褐色纵纹；虹膜黄褐色；喙黄绿色，端部黄色；脚黄绿色，跗跖被羽。

习性： 夜行性的猛禽，主要以啮齿类、两栖爬行类、小型鸟类和大型昆虫等动物性食物为食。斑头鸺鹠是重要的农林益鸟，可以减少鼠疫的发生。繁殖期为3—6月，每窝产卵3～5枚。通常营巢于树洞或天然洞穴中。

生境： 栖息于从平原、低山丘陵到海拔2000米左右的阔叶林、混交林、次生林和林缘灌丛，也出现于村寨和农田附近的疏林中。

保护等级： 国家二级。

纵纹腹小鸮 *Athene noctua*

鸱鸮科 Strigidae　　鸮形目 Strigiformes

形态特征：体长约23厘米；无耳羽簇；体色为棕褐色，头顶较平并具细密白点，具浅色眉纹，白色髭纹较宽；腹部灰白色；具褐色纵纹；背部褐色，具白色点斑；虹膜亮黄色；喙黄色；脚灰白色，被羽。

习性：相较于其他鸮形目鸟类喜欢在日间活动，尤其在晨昏最为活跃。以昆虫和小型脊椎动物为主要食物，如蛙、蛇、老鼠、鸟类等。繁殖期为5—7月，产卵5～8枚。通常营巢于悬崖的缝隙、岩洞、废弃建筑物的洞穴等处，有时也在树洞或自己挖掘的洞穴中营巢。

生境：栖息于低山丘陵、林缘灌丛和平原森林地带，也出现在农田、荒漠和村庄附近的丛林中。

保护等级：国家二级。

灰林鸮 *Strix nivicolum*

鸱鸮科 Strigidae　　鸮形目 Strigiformes

形态特征：体长约40厘米，头大而圆，没有耳羽，面盘明显，橙棕色或黑褐色；上体暗灰色，呈棕、褐斑杂状；飞羽暗褐，外侧翅上夏羽的外翈棕白色，在翅上形成显著的棕白色翅斑；下体白或皮黄色，胸部土黄色，带有棕褐色蠕虫纹；虹膜呈暗褐色，嘴角褐色，先端蜡黄色。

习性：夜行性猛禽，主要以小型啮齿类动物为食，有时也会吃小型鸟类、两爬以及昆虫。白天通常会隐藏在茂密的树冠或树洞中休眠。繁殖期在1—4月，每窝产卵1～8枚，主要营巢于树洞中，有时也在悬崖附近的石块营巢或利用其他鸟类的弃巢。

生境：主要栖息于山地阔叶林和混交林中，尤其喜欢河岸和沟谷森林地带，也出现于林缘疏林和灌丛地区，较喜欢近水源的地方。

保护等级：国家二级。

黑翅鸢 *Elanus caeruleus*

鹰科 Accipitridae　　鹰形目 Accipitriformes

形态特征：体长28～35厘米，翅展80～90厘米。整体呈灰白色；头顶至后颈、背、尾、翅上覆羽和次级飞羽浅灰色；眼先及眼上方有黑色斑；外侧初级飞羽黑色；眼红色；喙黑色，蜡膜黄色；脚黄色。

习性：常单独在早晨和黄昏活动，主要以小型哺乳动物、鸟类、昆虫和爬行动物为食，在空中盘旋观察猎物，然后俯冲捕食。繁殖期在3—4月，通常在树上或灌木丛中筑巢，每窝产卵2～4枚。通常营巢于开阔地带的平原或山地丘陵地区，位于离地面3～20米的树枝上或高的灌木上。

生境：栖息于有乔木和灌木的开阔原野、农田、疏林和草原地区，从平原到海拔4000米的高山均可见。

保护等级：国家二级。

白腹隼雕 *Aquila fasciata*

鹰科 Accipitridae　　鹰形目 Accipitriformes

形态特征：体长55～67厘米，翅展143～176厘米。上体暗褐色，各羽基部白色；头顶羽呈矛状，羽干纹黑褐色；眼先白，有黑色羽须，眼的后上缘有一不明显的白色眉纹。下体白色稍沾棕黄色，羽干纹黑褐色；飞羽黑褐色，尾羽灰褐色，具黑褐色近端带斑，端缘白色。未成年鸟下体棕栗色，腹部棕黄色。虹膜黄色；喙蓝灰色，尖端黑色；脚黄绿色。

习性：日行性猛禽，主要以各种小型兽类、鸟类为食。常在接近正午的时候在林缘盘旋搜寻猎物、巡视领地。繁殖期为3—5月。产卵1～3枚，营巢于河谷岸边的悬崖上或树上。

生境：主要栖息于低山丘陵和山地森林中的悬崖和河谷岸边的岩石上，尤其是富有灌丛的荒山和有稀疏树木生长的河谷地带。

保护等级：国家二级。

雀鹰 *Accipiter nisus*

鹰科 Accipitridae　　鹰形目 Accipitriformes

形态特征： 小型猛禽，体长31～40厘米。雌性体形比雄性大约1/4。成年雄性的上半身呈蓝灰色，下半身有橙色条纹；雌性和幼鸟上身棕色，胸腹部有棕色的条纹。

习性： 日行性，主要以小型雀形目鸟类为食，有时也会捕捉较大的鸦科鸟类，通常以突袭的方式捕捉猎物。繁殖期在5—7月，每窝产卵2～6枚。

生境： 喜欢在树木繁茂的地区边缘捕猎，城市公园、郊区林地都有它们的身影，见于保护区海拔2000米左右的针阔叶混交林。

保护等级： 国家二级。

雄鸟

苍鹰 *Accipiter gentilis*

鹰科 Accipitridae　　　　鹰形目 Accipitriformes

形态特征：体长可达60厘米，翅展100～120厘米。雌鸟体形稍大于雄鸟。头顶、枕和头侧黑褐色，枕部有白色羽尖，眉纹白杂黑纹；背部棕黑色；胸以下密布灰褐色和白色相间的横纹；尾灰褐色，方形，有4条宽阔黑色横斑。飞行时，双翅宽阔，翅下白色，但密布黑褐色横带。

习性：昼行性猛禽，主要以中、小型哺乳动物和中、小型鸟类为食物（如松鼠、野兔、黄鼬、环颈雉、喜鹊等），飞行速度快动作灵敏，能够在复杂森林环境中快速追逐猎物。繁殖期在5—7月，产卵3～4枚，通常营巢于僻静密林里较高的乔木上。

生境：栖息于不同海拔高度的针叶林、混交林和阔叶林等森林地带，也见于平原和丘陵地带的疏林和小块林内。

保护等级：国家二级。

雏鸟

黑鸢 *Milvus migrans*

鹰科 Accipitridae 鹰形目 Accipitriformes

形态特征：体长44～65厘米，上体暗褐色，下体棕褐色，均具黑褐色羽干纹，尾较长，呈“V”形，飞行时尤为明显。具宽度相等的黑色和褐色相间排列的横斑；飞翔时翼下左右各有1块大的白斑。

习性：日行性猛禽，主要以小型哺乳动物、鸟类、爬行动物和昆虫为食，可以长时间地在高空盘旋搜寻猎物，是十足的机会主义者。繁殖期为4—7月，产卵1～5枚，营巢于距地面高10米以上的高大乔木上，也营巢于悬岩峭壁上。

生境：栖息于开阔平原、草地、荒原和低山丘陵地带，也常在城郊、村屯、田野、港湾、湖泊上空活动。保护区全域常见，常于正午在高空盘旋。

保护等级：国家二级。

大鵟 *Buteo hemilasius*

鹰科 Accipitridae　　　　鹰形目 Accipitriformes

形态特征：体长60～70厘米，翅展140～160厘米。具淡色型、暗色型和中间型等几种色型。上体通常暗褐色；下体白色至棕黄色，具棕褐色纵纹；尾上偏白色并常具横斑，腿深色，次级飞羽具深色条带；浅色型具深棕色的翼缘；虹膜黄色或偏白色；喙蓝灰色，蜡膜黄绿色；脚黄色。体形要大于普通鵟和毛脚鵟，胸前斑点状的花纹也是其主要辨识特征之一。

习性：日行性猛禽，主要以鸟类和中、小型啮齿类为食，也会捕食爬行动物和昆虫等。飞翔时，两翼鼓动较慢，常在天气暖和的时候在空中作圈状翱翔。繁殖期为5—7月，产卵2～4枚。通常营巢于悬岩峭壁上或树上，巢的附近大多有小的灌木掩护。

生境：栖息于山地、山脚平原和草原等地区，也出现在高山林缘和开阔的山地草原与荒漠地带，垂直分布高度可以达到海拔4000米以上的高原和山区。

保护等级：国家二级。

普通鵟 *Buteo japonicus*

鹰科 Accipitridae　　鹰形目 Accipitriformes

形态特征：体长40～55厘米，翅展120～140厘米。色型多变，由深棕色至浅棕色；喙铅灰色，端黑色；虹膜黄色至褐色；脸侧皮黄具近红色细纹，栗色的髭纹显著；上体多为深红褐色；下体偏白色，具深色横斑或纵纹，两胁及腿沾棕色；初级飞羽基部有明显的白斑，飞羽外缘和翼角黑色；尾浅灰褐色，具多道暗色横斑；脚黄色。在高空翱翔时两翼略呈“V”形，具窄的次端横带。

习性：日行性猛禽，主要以啮齿类和鸟类为食，也会捕食爬行动物和昆虫。繁殖期在4—7月，每窝产卵2～4枚。通常营巢于林缘或森林中高大乔木上，尤喜针叶松树。

生境：栖息在各种类型的栖息地中，如森林、开阔的农田、草原和沙漠。保护区全域可见。

保护等级：国家二级。

戴胜 *Upupa epops*

戴胜科 Upupidae　　犀鸟目 Bucerotiformes

形态特征： 体长25～29厘米。头具狭形羽所成的羽冠，以后部的冠羽最长；喙细长而下弯；跗跖短；头、颈、胸淡棕栗色；羽冠色略深且具黑色羽端。

习性： 主要以昆虫为食，大量捕食害虫，是重要的农林益鸟。繁殖期在3—6月，每窝产卵5～9枚。

生境： 栖息于山地、平原、耕地、森林、林缘、路边、河谷、农田、草地、村屯和果园等开阔地方，尤其以林缘耕地生境较为常见。

栗喉蜂虎 *Merops philippinus*

蜂虎科 Meropidae　　佛法僧目 Coraciiformes

形态特征：体长25～30厘米。喉部栗红色；具黑色过眼纹；翅膀和背部绿色；尾翼蓝色，故又名蓝尾蜂虎。飞行时，翅膀下面的羽毛橙黄色，在阳光的照射下，全身闪烁着金属般的艳丽光泽，是备受观鸟爱好者喜爱的一种鸟类。

习性：在清晨和伴晚活跃，常结群栖息于裸露枝干或电线上，以各种小型飞行昆虫为食，飞行技术高超，可以在空中做出急速飞行、滑翔、悬停、急速回转和仰俯等高难度动作。繁殖期为4—6月，通常产卵5～7枚。营巢于河流、溪边较陡峭的土质岩壁上。

生境：常见于海拔1200米以下的开阔生境。常见于保护区入口处的崖壁。

保护等级：国家二级。

白胸翡翠 *Halcyon smyrnensis*

翠鸟科 Alcedinidae　　佛法僧目 Coraciiformes

形态特征：头部为棕色，翅膀和尾巴的颜色为亮蓝色，胸部为白色。喙长而厚重，适合钳住鱼类、两栖动物等小型猎物。翅膀锐利且短，雄鸟的头部颜色以及喙更加鲜艳，而雌鸟的则较为暗淡。

习性：主要以鱼、蟹、软体动物和水生昆虫为食，会将捕获的猎物通过捶打的方式杀死（这是佛法僧目鸟类特有的行为），常长时间在树枝或电线杆上停留，观察周围环境，伺机捕食水中的猎物。

生境：常见于湿地周边，喜欢站立于湖边的枯木和电线上。

保护等级：国家二级。

斑姬啄木鸟 *Picumnus innominatus*

啄木鸟科 Picidae　　啄木鸟目 Piciformes

形态特征：一种小型的啄木鸟，体长8.5～9.5厘米。羽毛主要为黑色和白色相间，头部有1个红色的帽状斑块。雄鸟的帽状斑块较大，而雌鸟的则较小。

习性：常单独活动，多在地上或树枝上觅食，较少像其他啄木鸟那样在树干攀缘。利用它们的强壮喙啄开树皮或树洞以便寻找昆虫。主要以蚂蚁、甲虫和其他昆虫为食。它们通常会在树干上或树枝上搜索食物。繁殖期为4—7月，每窝产卵3～4枚，营巢于树洞中。

生境：栖息于海拔2000米以下的低山丘陵和山脚平原常绿或落叶阔叶林中，也出现于中山混交林和针叶林地带。尤其喜欢活动在开阔的疏林、竹林和林缘灌丛。

斑姬啄木鸟

星头啄木鸟

大斑啄木鸟

灰头绿啄木鸟

灰头绿啄木鸟 *Picus canus*

啄木鸟科 Picidae　　啄木鸟目 Piciformes

形态特征：体长25～32厘米。雄鸟额及头顶前部朱红色；眼先和颊纹黑色；枕部黑色；头后和颈部灰色；背和翼上覆羽绿黄色；飞羽黑褐色具白斑；尾羽色深或染绿色，并具深色横斑；颊、喉、胸和腹部灰色；两胁染绿色；尾下覆羽灰色。雌鸟顶冠灰色，或具黑色条纹或全黑色，而无红斑，其余体色似雄鸟。虹膜红褐色，喙近灰色，脚蓝灰色。

习性：主要以蚂蚁、小蠹虫、天牛幼虫等昆虫为食。繁殖期为4—6月，每窝产卵8～11枚。

生境：主要栖息于低山阔叶林和混交林，也出现于次生林和林缘地带，很少到原始针叶林中。秋冬季常出现于路旁、农田地边疏林，也常到村庄附近小林内活动。

星头啄木鸟 *Dendrocopos canicapillus*

啄木鸟科 Picidae　　啄木鸟目 Piciformes

形态特征：体长13～17厘米，头顶灰褐色，虹膜褐色，喙铅灰色，脚灰黑色。雄鸟眼后上方具红色条纹，宽的白色眉纹一直延伸到颈侧，后颈、上背和肩黑色，上背、两翼和腰黑色且具白色横斑，尾黑色，外侧尾羽白色具黑斑，胸部淡棕色而具细黑褐色纵纹，腹部污白色而具淡褐色纵纹；雌鸟似雄鸟，但眼后上方无红色。

习性：主要以天牛、小蠹虫、蚂蚁、椿象、金花虫、甲虫以及其他鞘翅目和鳞翅目昆虫为食，偶尔也吃植物果实和种子，叫声尖锐而短促。繁殖期为4—6月，产卵、营巢于树洞。

生境：主要栖息于山地和平原阔叶林、针阔叶混交林和针叶林中，也出现于杂木林和次生林，甚至出现于村边和耕地中的零星乔木树上。

赤胸啄木鸟 *Dendrocopos cathpharius*

啄木鸟科 Picidae　　啄木鸟目 Piciformes

形态特征：体长16～19厘米；上体黑色，具大块白色翅斑；雄鸟头顶后部枕红色，雌鸟黑色；额、脸、喉和颈侧污白色；颚纹黑色，沿喉侧向下与胸侧黑色相连；胸中部和尾下覆羽红色；其余下体皮黄色，具黑色纵纹。

习性：主要以昆虫为食。繁殖期在4—5月，每窝产卵2～4枚，巢洞多选择在枯立木上或活树上，由雌雄鸟共同啄凿，洞口多为椭圆形。

生境：主要栖息于海拔1500～3500米的山地常绿或落叶阔叶林和针阔叶混交林中。

大斑啄木鸟 *Dendrocopos major*

啄木鸟科 Picidae　　啄木鸟目 Piciformes

形态特征： 体长23～26厘米，翅展34～39厘米。羽毛主要为黑白色调，头部有红色的斑块。雄鸟的红色斑块较大，而雌鸟则较小。

习性： 典型的树栖鸟类，主要栖息在森林和林缘地带。会用坚硬而弯曲的喙来啄击树干和树枝，以寻找食物和筑巢。食物主要包括昆虫和其他小型节肢动物。有很强的挖掘能力，可以在树干上挖出洞穴作为巢穴，并利用树皮和木屑来装饰巢穴。在繁殖季节，雄鸟会用响亮的鸣叫声来吸引雌鸟。一般一夫一妻制，一对夫妻会在同一个巢穴中共同育雏。

生境： 栖息于山地和平原针叶林、针阔叶混交林和阔叶林中，尤喜混交林和阔叶林。

红隼 *Falco tinnunculus*

隼科 Falconidae　　　　隼形目 Falconiformes

形态特征：羽毛主要是浅栗棕色，上面有黑色斑点，下面有浅黄色条纹。雌雄两态，雄性的黑点和条纹较少，头部和尾羽呈蓝灰色。雌性的尾巴是棕色的，有黑色条纹，末端黑色，边缘有狭窄的白色边缘。

习性：一种小型猛禽，主要以小型哺乳动物、鸟类、爬行动物和昆虫为食。繁殖期为5—7月，每窝产卵4～5枚，通常营巢于悬崖、山坡岩石缝隙，土洞，树洞和喜鹊、乌鸦以及其他鸟类在树上的旧巢中。

生境：栖息于山地森林、森林苔原、低山丘陵、草原、旷野、森林平原、山区植物稀疏的混合林、开垦耕地、旷野灌丛草地、林缘、林间空地、疏林和有稀疏树木生长的旷野、河谷和农田地区，通常在清晨和黄昏活动。会于保护区入口东侧的电线上停歇。

保护等级：国家二级。

雄鸟

燕隼 *Falco subbuteo*

隼科 Falconidae　　隼形目 Falconiformes

形态特征：体长约36厘米，为小型猛禽，长相酷似游隼和红脚隼。上体深蓝褐色；下体白色，具暗色纵纹；覆腿羽淡红色。

习性：主要以麻雀、家燕等雀形目小鸟为食，也会捕食各种飞行昆虫。繁殖期为5—7月，每窝产卵2～4枚。通常很少营巢，多是侵占乌鸦和喜鹊的巢。

生境：栖息于有稀疏树木生长的开阔平原、旷野、耕地、海岸、疏林和林缘地带，有时也到村庄附近活动，很少在浓密的森林和没有树木的裸露荒原出现。在保护区为旅鸟季节性停留。

保护等级：国家二级。

成鸟

游隼亚成鸟

游隼 *Falco peregrinus*

隼科 Falconidae　　隼形目 Falconiformes

形态特征：体长35～50厘米。翅长而尖，眼周黄色，颊有一粗著的垂直向下的黑色髭纹，头至后颈灰黑色，其余上体蓝灰色，尾具数条黑色横带。

习性：日行猛禽，喜欢捕猎飞行中的鸟类（如斑鸠、野鸭等），是地球上俯冲速度最快的鸟类，过往研究表明，它们的俯冲超过350千米/小时，捕猎方式是看见猎物快速爬升到高空，然后进行急速俯冲，用强有力的爪猛击猎物头部。亚成鸟腹部为粗纵纹，但仍可以通过粗壮的爪和喙与燕隼进行区分。繁殖期为4—6月，每窝产卵2～4枚，一般不主动筑巢，而是使用其他鸟类的废巢。

生境：栖息在各种各样的栖息地，包括山地、丘陵、荒漠、半荒漠、海岸、旷野、草原、河流、沼泽与湖泊沿岸地带，也到开阔的农田、耕地和村屯附近活动。

保护等级：国家二级。

红翅鵙鹛 *Pteruthius aeralatus*

莺雀科 Vireonidae　　　　　　雀形目 Passeriformes

形态特征：头似伯劳，但尾较短，上体色暗，下体色淡，翅具红斑。雄体额头顶及枕黑色，具黑蓝色金属光泽；背、腰及尾上覆羽灰蓝色；眼先黑色；颊及耳羽黑色染灰；眉纹白色，从眼前缘后伸达颈侧。雌体额、头顶及枕蓝灰色；背及尾上覆羽黄褐色；眼先、颊及耳羽似头顶，但色较淡；眉纹灰白色，自眼前上缘后伸达枕部。上喙黑色，具明显的钩和缺，下喙角白色；足肉红色，爪色更淡；虹膜棕褐色。

习性：常单独或成对活动，有时亦与其他小鸟一起，多活动在密林中树冠层。主要以象虫、甲虫、椿象、蝉等昆虫为食，也吃浆果种子等植物性食物。繁殖期为4—7月，每窝产卵2～4枚。

生境：多活动在密林中树冠层。保护区北坡海拔2000米左右的针阔叶混交林可见。

雄鸟

长尾山椒鸟 *Pericrocotus ethologus*

山椒鸟科 Vireonidae　　雀形目 Passeriformes

形态特征：体长17～20厘米。雄鸟头和上背亮黑色；下背至尾上覆羽以及自胸起的整个下体赤红色；两翅和尾黑色，翅上具红色翼斑；尾具红色端斑，最外侧一对尾羽几全为红色。雌鸟前额黄色；头顶至后颈暗褐灰色；背部灰橄榄绿或灰黄绿色；腰和尾上覆羽鲜绿黄色；两翅和尾同雄鸟，但其上的红色被黄色替代；颊、腹部为黄色。

习性：主要以小型昆虫为食，有时也吃种子和果实。繁殖期为5—7月。每窝产卵2～4枚，通常营巢于海拔1000～2500米的森林中乔木树上，也在山边树上营巢。

生境：主要栖息于山地森林中，无论是山地常绿阔叶林、落叶阔叶林、针阔叶混交林，还是针叶林，都可见，也出入林缘次生林和杂木林，尤其喜欢栖息在疏林乔木上，冬季也常到山麓和平原地带疏林内。

粉红山椒鸟 *Pericrocotus roseus*

山椒鸟科 Campephagidae　　雀形目 Passeriformes

形态特征： 体羽具红色或黄色斑纹，颏及喉白色，头顶及上背灰色。雄鸟头灰色、胸玫红色，有别于其他山椒鸟。雌鸟与其他山椒鸟区别在腰部及尾上覆羽的羽色仅比背部略浅，并淡染黄色；下体为甚浅的黄色。

习性： 主要以各种小型昆虫为食，有时也会吃种子、果实等植物性食物。繁殖期为4—7月，每窝产卵3～4枚。部分个体1年繁殖2窝，巢多置于乔木树侧枝或树杈上。

生境： 主要栖息于海拔2000米以下的山地次生阔叶林、混交林和针叶林中，尤其是开阔的河岸、林间空地与湖泊沿岸森林地带较常见，也见于雨林、林缘和农田地边疏林内。

雄鸟

白喉扇尾鹟 *Rhipidura albicollis*

扇尾鹟科 Rhipiduridae　　雀形目 Passeriformes

形态特征： 体长15～20厘米。通体黑灰色；头部较暗近黑色；颏、喉、眉纹白色，在暗色的头部极为醒目；下体深灰色而有别于白眉扇尾鹟，但有个别个体下体色浅；尾较长而宽，常散开呈扇状；除中央一对尾羽外，其余尾羽均具宽阔的白色尖端；虹膜褐色；喙及脚黑色。

习性： 主要以鞘翅目象甲、叶甲，鳞翅目昆虫，蚂蚁等其他昆虫为食。常单独或成对活动，有时亦见3～5只成群或与白眶雀鹛等其他鸟类混群。繁殖期为4—7月，每窝产卵通常3～4枚。营巢于林内石洞内或离地面1.2～4.2米高的树枝杈上。

生境： 主要栖息于海拔2000米以下的低山丘陵和山脚平原地区的次生阔叶林、热带雨林、季雨林等森林中，也见于针阔叶混交林、针叶林、稀树草坡和地边树丛。

黑卷尾 *Dicrurus macrocercus*

卷尾科 Dicruridae 雀形目 Passeriformes

形态特征：体长约30厘米，全身蓝黑色而具金属光泽，尾长且分叉较深。下体自颏、喉至尾下覆羽均呈黑褐色，仅在胸部铜绿色金属光泽较显著；翅下覆羽及腋羽黑褐色。虹膜暗红色，喙黑色，脚黑色。

习性：主要以昆虫为食，如蜻蜓、蝗虫、胡蜂等。繁殖期为6—7月，常置于榆、柳等树巅及枝梢分叉处。

生境：多活动于空旷的农田，尤喜在村民居屋前后高大的乔木上营巢。

华南亚种*D. l. salangensis*，长江流域常见

西南亚种*D. l. hopwoodi*，攀枝花常见

灰卷尾 *Dicrurus leucophaeus*

卷尾科 Dicruridae　　雀形目 Passeriformes

形态特征：体长25～32厘米。喙形强健侧扁，喙峰稍曲，先端具钩，有喙须；鼻孔为垂羽悬掩；初级飞羽10枚，一般翅形长而稍尖。尾长而呈叉状，尾羽10枚，上有不明显的浅黑色横纹。跗蹠短而强健，前缘具盾状鳞。全身暗灰色，虹膜橙红色。不同亚种间存在较大的色型差异。

习性：主要以昆虫为食，擅长捕捉飞行中的昆虫。繁殖期在4—7月，通常产卵3～4枚，营巢于阔叶高大乔木树冠岔枝间。

生境：栖息于平原丘陵地带、村庄附近、河谷或山区；从海拔40～1150米以上山区都有分布。通常成对或单个停留在高大乔木树冠顶端，或山区岩石顶上；也栖于高大杨树顶端枝上。

栗色型雄鸟

寿带 *Terpsiphone incei*

王鹟科 Monarchidae　　　　雀形目 Passeriformes

形态特征：体长20～30厘米。雄鸟具冠羽，有栗色型和白色型两种。雄鸟（栗色型）：头、颈蓝黑色，具金属光泽，羽冠明显，中央尾羽特别延长；上体包括背、腰及尾上覆羽都呈带紫色的深栗红色；尾羽与上体色相近；胸和两胁苍灰色。尾下覆羽灰白色。雄鸟（白色型）：头、颈羽色与栗色型相似，差异表现为背、腰、尾羽及尾上覆羽皆为白色。雌鸟（白色型）体羽与栗色型雄鸟相似，颏、喉灰黑色；中央尾羽并未特别延伸。

习性：主要以昆虫为食，如天蛾、蝗虫、松毛虫等，有时到地面啄食。繁殖期为5—7月，营巢于树杈间。

生境：栖息于山区或丘陵地带的林区，常隐匿在树丛中，成对或数对活动。

红尾伯劳 *Lanius cristatus*

伯劳科 Laniidae　　　　雀形目 Passeriformes

形态特征：体形略小。雄鸟头顶和枕部为灰色，有宽阔的黑色过眼纹；背部、两翼和尾羽为棕褐色；喉部为白色；胸腹部和腹部为皮黄色。雌鸟外观似雄鸟，但头部灰褐色，两胁有褐色鱼鳞纹。幼鸟外观似雌鸟，但头顶为棕色。

习性：主要以各种昆虫为食。性情凶猛，喜爱将捕获的猎物穿刺在尖锐的树枝和铁丝上贮藏。繁殖期为5—7月，每窝产卵5～7枚。

生境：主要栖息于低山丘陵和山脚平原地带的灌丛、疏林和林缘地带，尤其在有稀矮树木和灌丛生长的开阔旷野、河谷、湖畔、路旁和田边地头中较常见。

栗背伯劳 *Lanius collurioides*

伯劳科 Laniidae　　　　雀形目 Passeriformes

形态特征：外形、大小和红尾伯劳相似，体长18～20厘米。头顶黑灰色，到上背转为灰色；下背、肩至尾上覆羽栗色或栗棕色；尾黑色，外侧尾羽白色；翅黑色且具白色翅斑，内侧飞羽具宽的栗色羽缘；下体白色。

习性：常单独或成对活动，多站在小树或灌木顶枝上。性情凶猛，不仅善于捕食昆虫，也能捕杀小鸟、蛙和啮齿类。繁殖期为4—6月，每窝产卵3～6枚。

生境：主要栖息于海拔1800米以下的低山丘陵和山脚平原地区的开阔次生疏林、林缘和灌丛中，也出现在沟谷、路旁和耕地边小树及灌木上。多见于保护区南坡的开阔区域。

棕背伯劳 *Lanius schach*

伯劳科 Laniidae　　雀形目 Passeriformes

形态特征：体形较大的一种伯劳，体长22～30厘米。头顶至上背灰色；肩羽、下背至尾上覆羽红棕色，翅和尾羽黑色；前额左右有相连的黑色过眼纹；喙较为锋利，上喙具弯钩；爪锋利；尾长且窄。黑化型体形与普通型无差别，但羽色有不同程度黑化。

习性：性情凶猛，主要以各种昆虫、两栖爬行动物为食，有时也会捕捉小型鸟类和啮齿类动物。喜爱将捕获的猎物穿刺在尖锐的树枝和铁丝上贮藏。繁殖期为4—6月，每窝产卵4～5枚。

生境：主要栖息于低山丘陵和山脚平原地区，夏季可上到海拔2000米左右的中山次生阔叶林和混交林的林缘地带，有时也到园林、农田、村宅河流附近活动。

灰背伯劳 *Lanius tephronotus*

伯劳科 Laniidae　　雀形目 Passeriformes

形态特征：体长约25厘米。自前额、眼先过眼至耳羽黑色；头顶至下背暗灰色；翅、尾黑褐色；下体近白，胸染锈棕色。似棕背伯劳但区别在上体深灰色，仅腰及尾上覆羽具狭窄的棕色带。初级飞羽的白色斑块小或无。虹膜褐色；喙绿色；脚绿色。叫声粗哑喘息，可模仿其他鸟的叫声。

习性：习性与其他伯劳类似，以昆虫为主食，其中蝗虫、蝼蛄、虾蜢、金龟（虫甲）、鳞翅目幼虫及蚂蚁等最多，也吃鼠类和小鱼。在国内分布广泛。

生境：主要栖息于自平原至海拔4000米的山地疏林地区，在农田及农舍附近较多。常栖息在树梢的干枝或电线上，常在榆、槐等阔叶树或灌木上筑巢。

松鸦 *Garrulus glandarius*

鸦科 Corvidae　　雀形目 Passeriformes

形态特征：成鸟额至头顶和后颈及眼先、颊、耳羽、颈侧呈浅棕红色；前额基和鼻羽端缀黑色；背及肩羽和翅上覆羽为棕褐色，并沾紫灰色，腰部较淡；尾上覆羽白色；喙黑色，下喙基部的颚纹黑色，较粗著；胸和两胁及腋羽棕红褐色；肛周和尾下覆羽白色；尾羽大部分黑色；两翅黑色，翅缘和翅下覆羽栗褐色；虹膜灰褐色；跗跖和趾肉色，爪暗褐色。

习性：杂食性，以果实、种子及松毛虫、金龟甲、蚂蚁等昆虫为食。繁殖期为4—7月，每窝产卵3～8枚。营巢于森林中邻近水源处的高大乔木顶端。

生境：栖息于海拔1200～2500米的针阔叶林及针叶林混交林带。

红嘴蓝鹊 *Urocissa erythroryncha*

鸦科 Corvidae　　　　雀形目 Passeriformes

形态特征：雌雄同型。喙、虹膜呈红色，鼻孔位于喙基，并有软羽和硬毛覆盖；头至胸为黑色；头顶至后颈为白色；上体余部体羽为紫蓝色，飞羽具白色次端斑；尾长呈楔形，紫色尾羽具白色次端斑，外侧尾羽还具黑色次端斑；下体余部羽白色；脚红色。

习性：主要以昆虫等动物性食物为食，也吃植物果实、种子等。繁殖期为5—7月，每窝产卵3~6枚。营巢于树木侧枝上，也在高大的竹林上筑巢。

生境：主要栖息于从山脚平原、低山丘陵到海拔3500米左右的高原山地的常绿阔叶林、针叶林、针阔叶混交林和次生林等各种不同类型的森林中，也见于竹林、林缘疏林和村旁、地边树上。

喜鹊 *Pica pica*

鸦科 Corvidae　　雀形目 Passeriformes

形态特征：体长40～50厘米，雌雄羽色相似。头、颈、背至尾均为黑色，并自前往后分别呈现紫色、绿蓝色、绿色等光泽；双翅黑色而在翼肩有一大型白斑；尾远较翅长，呈楔形；喙、腿、脚纯黑色；腹面以胸为界，前黑后白。

习性：杂食性机会主义者，以昆虫、各种小型脊椎动物、其他鸟类的卵以及植物果实等为食。繁殖期在3—6月，每窝产卵5～8枚。

生境：高度适应人类高密度活动区，喜欢将巢筑在民宅旁的大树上。

大嘴乌鸦 *Corvus macrorhynchos*

鸦科 Corvidae　　　　雀形目 Passeriformes

形态特征：最大的雀形目鸟类之一。成鸟全身羽毛乌黑，上体具带金属光泽的蓝紫色；两翼及尾羽泛金属蓝绿色；喉部羽毛披针状，带强烈蓝绿色金属光泽；额至枕部羽毛略松散，显得额部突出；喙壮硕，呈黑色，喙峰弯曲，峰脊明显，基部有长羽覆盖；虹膜暗褐色；脚均为黑色。

习性：杂食性机会主义者，会进食一切可获得的蛋白质来源，包括动物的尸体。好奇心强，常成群出没。繁殖期为3—6月，每窝产卵3～5枚。营巢于高大乔木顶部枝杈处。

生境：主要栖息于低山、平原和山地阔叶林、针阔叶混交林、针叶林、次生杂木林、人工林等各种森林类型中，尤以疏林和林缘地带较常见。常见于保护区西侧的山脊，偶尔高飞盘旋。

大山雀 *Parus minor*

山雀科 Paridae　　雀形目 Passeriformes

形态特征： 体长约14厘米，体色呈黑、灰、白色。头及喉灰黑色，与脸侧白斑及颈背部块状斑成强对比；翼上具1道醒目的白色条纹，1道黑色带沿胸中央而下。雄鸟胸带较宽，幼鸟胸带减为胸兜。

习性： 杂食性，主要以种子、坚果及昆虫和其他小型无脊椎动物为食。通常在树上或地面上觅食。繁殖期为4—8月，每窝产卵6～13枚。

生境： 主要栖息于低山和山麓地带的次生阔叶林、阔叶林和针阔叶混交林中，也出入人工林和针叶林。

绿背山雀 *Parus monticolus*

山雀科 Paridae　　雀形目 Passeriformes

形态特征：小型鸟类，体长12.5～14厘米，翅展19～20厘米。羽毛主要为灰色和黄色调，头顶和胸部为黑色调，背部为绿色调，腹部为白色。喙短小而尖锐，脚相对较短。雄鸟和雌鸟外观上类似。

习性：习性与大山雀类似，繁殖期为4—7月。营巢于天然树洞中，也在墙壁和岩石缝隙中营巢，主要由雌鸟抚育幼鸟。

生境：喜欢成群活动，见于海拔1000～4000米的山区，常活动于森林或林缘中。

大山雀　　绿背山雀

山鹪莺 *Prinia striata*

扇尾莺科 Cisticolidae　　　　雀形目 Passeriformes

形态特征：体长13～16厘米，是一种体形小的褐色鹪莺。尾长展开呈扇形；上体灰褐色，并具黑色及深褐色纵纹；下体偏白色，两肋、胸及尾下覆羽沾茶黄色，胸部黑色纵纹明显。非繁殖期褐色较重，胸部黑色较少，顶冠具皮黄色和黑色细纹。

习性：杂食性鸟类，主要以昆虫为食，有时也会取食果实和种子。繁殖期为4—7月，每窝产卵4～6枚。通常营巢于草丛中，巢多筑于粗草茎上，也有在低矮的灌木下部营巢的。

生境：主要栖息于低山和山脚地带的灌丛与草丛中，尤以山边稀树草坡、农田地边以及居民点附近等开阔地带的灌丛和草丛中较常见。

黑喉山鹪莺 *Prinia atrogularis*

扇尾莺科 Cisticolidae　　雀形目 Passeriformes

形态特征： 体长16厘米，是一种长尾的褐色鹪莺。具明显的白色眉纹及形长的尾。特征为胸部具黑色纵纹。上体褐色，两胁黄褐色，腹部皮黄色；脸颊灰色，具明显的白色眉纹；无下髭纹，下体少黑色；虹膜浅褐色；上喙暗色，下喙浅色；脚偏粉色。

习性： 杂食性鸟类，主要以昆虫为食，有时也会取食果实和种子。繁殖期为5—7月，每窝产卵3～5枚。通常营巢于灌丛中。

生境： 常见于海拔600～2500米的丘陵山地，主要栖息于山边灌丛、草地，尤以河谷和林缘疏林灌丛及草丛中较常见。

灰胸山鹪莺 *Prinia hodgsonii*

扇尾莺科 Cisticolidae 雀形目 Passeriformes

形态特征：喙为黑色；腿粉红色；胸部的烟灰色带与白色喉咙形成鲜明对比；与其他山鹪莺一样，尾巴也有渐变，灰色的羽毛尖端呈白色。繁殖期羽毛上半部分灰色；而非繁殖期上半身苍白色，翅呈红褐色。

习性：主要以昆虫为食，繁殖期为4—6月，产卵4～6枚。

生境：通常栖息于开阔的林地、灌木丛和耕地，也见于竹林、红树林沼泽和芦苇丛中。

纯色山鹪莺 *Prinia inornata*

扇尾莺科 Cisticolidae　　雀形目 Passeriformes

形态特征：体长11～14厘米。全身纯浅黄褐色，尾长。繁殖羽具浅色眉纹，上体灰褐色，飞羽羽缘红棕色，尾呈凸状；下体淡皮黄白色。冬羽上体红棕褐色，下体淡棕色。虹膜浅褐色，喙黑色，脚粉红色。

习性：主要以甲虫、蚂蚁等鞘翅目、膜翅目、鳞翅目昆虫为食，也吃少量小型无脊椎动物和杂草种子等植物性食物。繁殖期为5—7月，每窝产卵4～6枚。

生境：活动于草丛、芦苇地、沼泽、玉米地及稻田。

家燕 *Hirundo rustica*

燕科 Hirundinidae　　　　雀形目 Passeriformes

形态特征：头顶、颈背部至尾上覆羽带有金属光泽的深蓝黑色；翼黑色，飞羽狭长；颏、喉、上胸棕栗色；下胸、腹部及尾下覆羽浅灰白色，无斑纹；尾深叉形，蓝黑色；喙黑褐色，短小而阔；跗跖和脚黑色，较纤弱。

习性：一种昼行性鸟类，通常在天空中飞翔，在飞行过程中可捕食空中的昆虫。繁殖期为4—7月，每窝产卵4～5枚。

生境：活动于农田和荒野，喜爱靠近水边的栖息地，喜爱在人造建筑下筑巢。

金腰燕 *Cecropis daurica*

燕科 Hirundinidae　　雀形目 Passeriformes

形态特征：体形大小与家燕相似，体长16～20厘米。背及翅上覆羽深黑蓝色；后颈栗黄色，形成领环；腰有栗色横带；下体栗白色而具黑色纵纹；尾长而分叉，黑色，无斑；眼褐色；喙和脚黑色。

习性：主要以蚊、蝇、蜻蜓等飞行昆虫为食。捕食方式与家燕类似，擅长在飞行过程中觅食，常见其与家燕混群。繁殖期为4—9月，每窝产卵4～6枚。通常营巢于人造建筑下，巢的形状与家燕存在显著差别：金腰燕的巢似瓶状，入口小；家燕的巢穴为半开放式的碗状，可以轻易观察到巢内雏鸟的状况。

生境：栖息于低山及平原地区的村庄、城镇等居民住宅区附近。

凤头雀嘴鹎 *Spizixos canifrons*

鹎科 Pycnonotidae　　雀形目 Passeriformes

形态特征：体长18～22厘米。喙粗短，呈象牙色或乳黄色；前额和脸灰色；头顶黑色，有一朝前竖立的黑色羽冠；上体橄榄绿色；下体黄绿色；尾羽黄绿色，具宽阔的黑褐色端斑。

习性：杂食性，既食动物性食物，也吃植物性食物。动物性食物以昆虫为主，常见种类有鞘翅目和鳞翅目昆虫。植物性食物主要为植物果实、种子、浆果等。繁殖期为4—7月，每窝产卵2～4枚，通常营巢于林下植物发达的常绿阔叶林中。

生境：栖息在海拔1000～3000米的山地阔叶林、针阔叶混交林、次生林、林缘疏林、竹林、稀树灌丛和灌丛草地等各类生境中。

成鸟在育雏

㊕领雀嘴鹎 *Spizixos semitorques*

鹎科 Pycnonotidae　　雀形目 Passeriformes

形态特征：体长17～21厘米；头黑色，颈背灰色；具短羽冠；喉白色；喙厚重，呈浅黄色；喙基周围近白色。虹膜褐色；脸颊具白色细纹；上体暗橄榄绿色；下体橄榄黄色；尾绿色，尾端黑色。

习性：食性与凤头雀嘴鹎类似。繁殖期为5—7月，每窝产卵3～4枚。通常营巢于溪边或路边小树侧枝梢处。

生境：主要栖息于低山丘陵和山脚平原地区，也见于海拔2000米左右的山地森林和林缘地带，尤其是溪边沟谷灌丛、稀树草坡、林缘疏林、亚热带常绿阔叶林、次生林、栎林等生境常见。

黄臀鹎 *Pycnonotus xanthorrhous*

鹎科 Pycnonotidae　　　　雀形目 Passeriformes

形态特征：体长约20厘米。头部和背部为灰色，腹部为白色，喉与腹部的连接处有灰色带，尾巴和翅膀为黑色，腰部和臀部为鲜艳的黄色。

习性：主要以植物果实与种子为食，也吃昆虫等动物性食物，但幼鸟几乎全以昆虫为食。繁殖期为4—7月，每窝产卵2～5枚。

生境：主要栖息于次生阔叶林、栎林、混交林和林缘地区，尤其喜欢沟谷林、林缘疏林灌丛、稀树草坡等开阔地区。

白喉红臀鹎 *Pycnonotus aurigaster*

鹎科 Pycnonotidae　　雀形目 Passeriformes

形态特征：体长约20厘米。额、头顶、枕、眼周和颊的前部黑色，具金属光泽；颊的后部和耳羽灰白色；尾端具有白色斑块；胸部至下腹由白色逐渐转为棕灰色；臀部为鲜艳的红色。

习性：食性与黄臀鹎类似，繁殖期为5—7月，营巢于灌丛中或小树上，产卵数为2～5枚。

生境：主要栖息在低山丘陵和平原地带的次生阔叶林、竹林、灌丛以及村寨、地边和路旁树上或小块丛林中，也见于沟谷、林缘、季雨林和雨林。

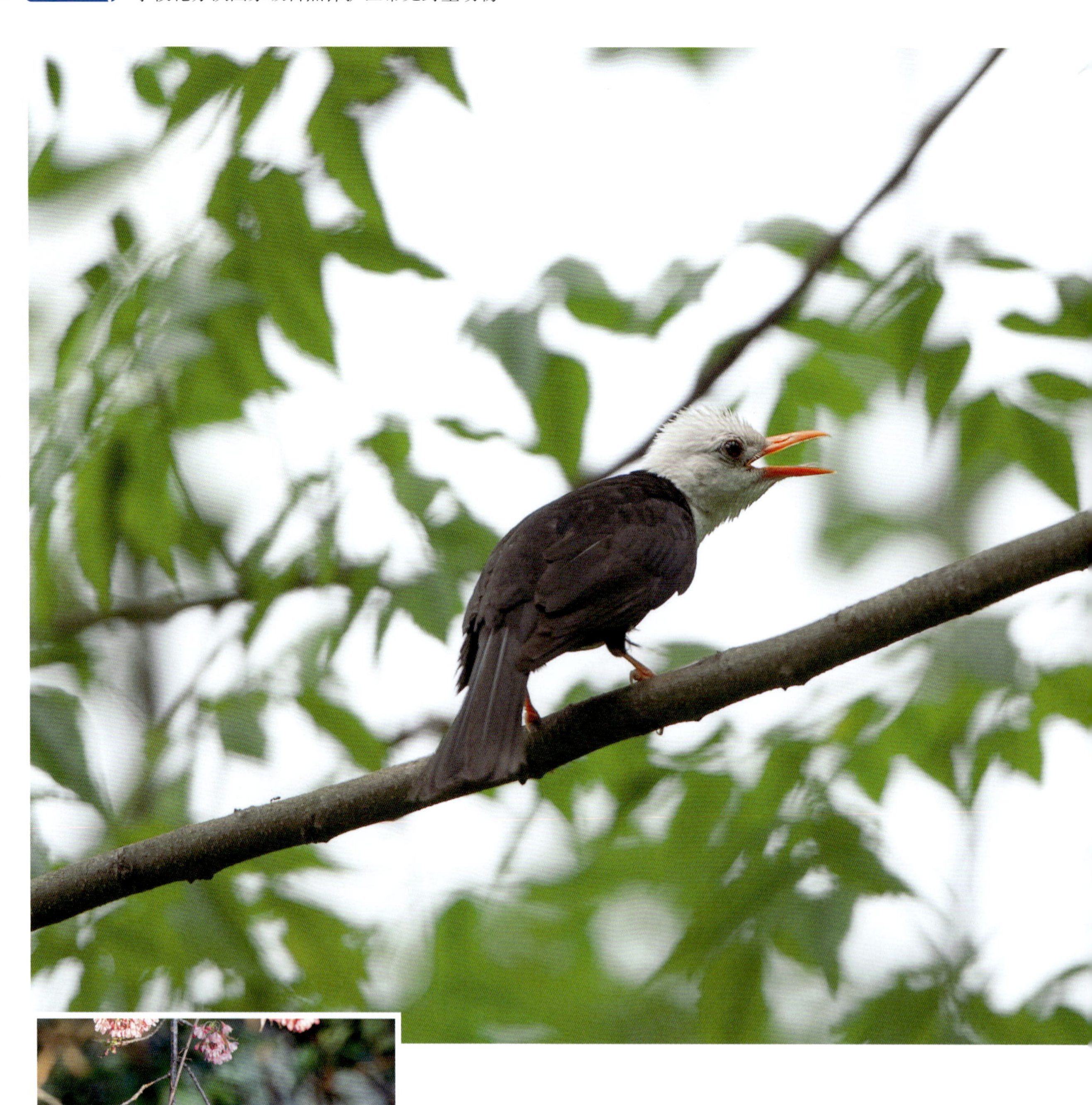

黑色型

黑短脚鹎 *Hypsipetes leucocephalus*

鹎科 Pycnonotidae　　雀形目 Passeriformes

形态特征：体长22～26厘米。喙鲜红色，脚橙红色，尾呈浅叉状。羽色有两种色型，一种通体黑色，另一种头、颈白色，其余通体黑色。

习性：主要以昆虫等动物性食物为食，也吃植物的果实、种子。繁殖期为4—7月，每窝产卵2～4枚。

生境：通常生活在次生林、阔叶林、常绿阔叶林和针阔叶混交林及其林缘地带，冬季有时也出现在疏林荒坡、路边或田间地头树上。

橙斑翅柳莺 *Phylloscopus pulcher*

柳莺科 Phylloscopidae　　雀形目 Passeriformes

形态特征：体长9～12厘米。头顶暗绿色，具不明显的淡黄色中央冠纹；眉纹黄绿色；过眼纹黑色；背橄榄绿色；腰黄色，形成明显的黄色腰带；两翅和尾暗褐色，大覆羽和中覆羽具橙黄色先端，在翅上形成2道橙黄色翅斑，外侧3对尾羽大都白色；下体灰绿黄色。

习性：主要以昆虫为食。繁殖期为5—7月，每窝产卵3～4枚。

生境：主要栖息于海拔1500～4000米的山地森林和林缘灌丛中，尤以高山针叶林和杜鹃灌丛中较常见。

棕腹柳莺 *Phylloscopus subaffinis*

柳莺科 Phylloscopidae　　雀形目 Passeriformes

形态特征：体长10～12厘米，雌雄羽色相似。上体自额至尾上覆羽，包括翅上内侧覆羽呈橄榄褐色，腰和尾上覆羽稍淡；飞羽、尾羽及翅上外侧覆羽黑褐色，外缘黄绿色。下体概呈棕黄色，但颊、喉较淡，两胁较深暗。虹膜褐色；上喙黑褐色，下喙淡褐色，基部黄色；跗跖暗褐色。

习性：以各类小型昆虫为食，如蚊、蝇及鞘翅目昆虫等。繁殖期为5—8月，每窝产卵3～4枚。

生境：主要栖息于海拔900～2800米的山地针叶林和林缘灌丛中，也栖息于低山丘陵和山脚平原地带的针叶林或阔叶疏林、灌丛和灌丛草甸。

黄眉柳莺 *Phylloscopus inornatus*

柳莺科 Phylloscopidae　　雀形目 Passeriformes

形态特征： 一种小型鸟类，体长约11厘米。头部色泽较深，在头顶的中央贯以1条若隐若现的黄绿色纵纹；眉纹淡黄绿色；上体橄榄绿色；翅具2道浅黄绿色翼斑；下体为沾绿黄色的白色。

习性： 主要以昆虫为食，繁殖期为5—8月，每窝产卵2～5枚。

生境： 栖息于海拔几米至4000米高原、山地和平原地带的森林中，包括针叶林、针阔叶混交林、柳树丛和林缘灌丛，以及园林、果园、田野、村落、庭院等处。

灰冠鹟莺 *Phylloscopus tephrocephalus*

柳莺科 Phylloscopidae　　雀形目 Passeriformes

形态特征：体形较小，体长11～12厘米。羽毛主要呈绿色；头部有灰色的冠状斑纹，从前额向后脑延伸；背部和翅膀呈浅绿色；腹部为黄色；尾巴相对较长，末端稍微分叉。

习性：晨昏活跃，以小型昆虫为食，偶尔也会食用浆果。

生境：见于海拔2000米左右的针叶林中。

西南冠纹柳莺 *Phylloscopus reguloides*

柳莺科 Phylloscopidae　　雀形目 Passeriformes

形态特征： 雌雄两性羽色相似。上体呈橄榄绿色；头顶较暗，稍沾灰黑色，中央冠纹淡黄色；眉纹长而明显，呈淡黄色；一条自鼻孔穿过眼睛而向后延伸至枕部的过眼纹呈暗褐色；颊和耳羽淡黄色和暗褐色相杂；翅和尾羽黑褐色，各羽外翈边缘与背同色；最外侧两对尾羽的内翈具白色狭缘；大覆羽和中覆羽的尖端淡黄绿色，形成2道翅上翼斑。下体白色，微沾灰色，胸部稍缀以黄色条纹；尾下覆羽为沾黄色的白色。

习性： 主要以昆虫为食，繁殖期为5—7月，每窝产卵3～4枚。

生境： 栖息于海拔3500米以下的山地针叶林、针阔叶混交林、常绿阔叶林和林缘灌丛地带。秋冬季节下移到低山或山脚平原地带。

红头长尾山雀 *Aegithalos concinnus*

长尾山雀科 Aegithalidae　　雀形目 Passeriformes

形态特征： 体长11～12厘米。额、头顶至后颈栗红色；眼先、头侧和颈侧黑色；有的具白色眉纹；上体余部蓝灰色；腰部具缀棕色羽缘；尾黑褐色缀蓝灰色；外侧3对尾羽具楔形白色端斑，最外侧尾羽外翈白色。

习性： 昼行性鸟类，主要以鞘翅目和鳞翅目等昆虫为食。繁殖期为1—9月，每窝产卵5～9枚。

生境： 主要栖息于山地森林和灌木林间，也见于果园、茶园等人类居住地附近的林内。

云南亚种

特 棕头雀鹛 *Fulvetta ruficapilla*

莺鹛科 Sylviidae　　雀形目 Passeriformes

形态特征：体长10～13厘米。头顶栗褐色，具黑色侧冠纹；上体茶黄色；飞羽外侧表面灰白色，内侧表面红棕色，内外二色之间夹有黑色；颏、喉白色，具不明显的暗色纵纹；胸沾葡萄灰色；其余下体茶黄色。

习性：主要以昆虫及植物果实、种子为食，也吃稻谷、小麦等农作物。常单独或成对活动，有时亦成3～5只的小群。多在林下灌丛间跳跃穿梭，也频繁地下到地上活动和觅食。

生境：主要栖息于海拔1800～2500米的常绿阔叶林、针阔叶混交林、针叶林和林缘灌丛中。

棕头鸦雀 *Sinosuthora webbiana*

莺鹛科 Sylviidae　　雀形目 Passeriformes

形态特征： 体长12～13厘米。羽毛主要呈灰褐色；头部和颈部呈棕色，顶部有1块明显的棕色区域；背部和翅膀呈灰褐色；腹部为白色；尾巴相对较长，呈灰色。

习性： 以各类昆虫等动物性食物为主，也吃果实和种子等植物性食物。繁殖期为4—8月，每窝产卵4～5枚。

生境： 主要栖息于山地和森林地区，尤其是落叶林和针叶林。它们喜欢在密集的植被中活动，常在低矮的灌木丛、芦苇丛和树枝间跳跃和爬行。

特 褐翅鸦雀 *Sinosuthora brunnea*

莺鹛科 Sylviidae　　雀形目 Passeriformes

形态特征： 体长11～13厘米。头、后颈和颈侧栗红色；上体橄榄褐色；翅缘褐色；颏、喉、胸葡萄红色，具细的栗红色纵纹；虹膜棕红或深红色，喙短而粗厚，乳黄或角黄色，喙峭较暗或为黑色；脚暗褐色、肉褐色或绿铅色。

习性： 以小型无脊椎动物为食，通过在树叶和树枝上搜索和捕捉来觅食。繁殖期为4—6月，每窝产卵2～4枚。通常营巢于厚密的灌丛中或缠绕的藤本植物上。

生境： 主要栖息于林缘灌丛、竹丛、稀树草坡，以及芦苇丛和高草丛中。

点胸鸦雀 *Paradoxornis guttaticollis*

莺鹛科 Sylviidae　　雀形目 Passeriformes

形态特征：体长18～21厘米。头顶至枕橙棕色；喙橙黄色，短而粗厚；脸皮黄色；耳覆羽和颊后部黑色；眼圈白色；上体棕褐色；颏黑色；其余下体淡皮黄白色；喉和上胸具黑色矢状斑；虹膜黑褐色或栗色；脚蓝灰色。

习性：主要以昆虫为食，能利用粗厚而有力的喙撕裂草茎、花梗，啄食隐藏于其中的蛀虫和其他小型虫类。繁殖期为5—7月，每窝产卵2～3枚。

生境：栖息于海拔2000米以下的山地灌丛、竹丛和高草丛中，也出现于稀树草坡、农田、地边灌丛和草丛中，有时甚至出现在村寨附近果树上和耕地中的高粱与玉米等农作物上。

㊕白领凤鹛 *Parayuhina diademata*

绣眼鸟科 Zosteropidae　　雀形目 Passeriformes

形态特征：体长15～18厘米。头顶和羽冠土褐色，具白色眼圈；眼先黑色；枕白色，向两侧延伸至眼，向下延伸至后颈和颈侧，在颈部形成白领极为醒目；上体土褐色；飞羽黑色，外侧初级飞羽末端外缘白色；尾深褐色，羽轴白色；颏、喉、黑褐色；胸灰褐色；腹和尾下覆羽白色。

习性：主要以昆虫和植物果实、种子为食。繁殖期为5—8月，少数迟至9月，每窝产卵2～3枚。

生境：主要栖息于海拔1500～3000米的山地阔叶林、针阔叶混交林、针叶林和竹林中，除繁殖期间多成对或单独活动外，其他时候多成3～5只至10余只的小群。

暗绿绣眼鸟 *Zosterops japonicus*

绣眼鸟科 Zosteropidae　　雀形目 Passeriformes

形态特征：体形纤小，体长10～12厘米。上体绿色，白色眼圈明显，眼先黑色，额基黄色，喙细长而尖，尾羽黑褐色。

习性：以昆虫、果实、种子、花蜜为食。繁殖期在4—7月，每窝产卵3～4枚。

生境：主要栖息于阔叶林和以阔叶树为主的针阔叶混交林、竹林、次生林等各种类型森林中，也栖息于果园、林缘以及村寨和地边高大的树上。

灰腹绣眼鸟 *Zosterops palpebrosus*

绣眼鸟科 Zosteropidae　　雀形目 Passeriformes

形态特征：体形纤小，体长8～12厘米。雌雄羽色相似。眼圈被一些明显的白色绒状短羽所环绕；喙细小，微向下曲，缘平滑无齿，须短而不显；鼻孔为薄膜所掩盖；舌能伸缩，先端具角质硬性纤维2簇；翅较长圆；尾多呈平尾状；中趾和外趾基部相互并着。

习性：以花蜜、花粉、果实和小型昆虫为主要食物。繁殖期为4—7月，每窝产卵2～4枚。

生境：主要栖息于海拔1200米以下的低山丘陵和山脚平原地带的常绿阔叶林和次生林中，尤喜河谷阔叶林和灌丛，有时亦出现于农田地边、果园和村寨附近小林内。

棕颈钩嘴鹛 *Pomatorhinus ruficollis*

林鹛科 Timaliidae　　雀形目 Passeriformes

形态特征：体长16～19厘米。喙细长而向下弯曲；具显著的白色眉纹和黑色过眼纹；上体橄榄褐色、棕褐色或栗棕色；后颈栗红色；颏、喉白色；胸白色具栗色或黑色纵纹，也有的无纵纹和斑点；其余下体橄榄褐色。

习性：主要以昆虫为食，也吃植物果实与种子。繁殖期为4—7月，最早在3月末即见有营巢产卵，通常产卵2～4枚，营巢于灌木上。

生境：栖息于低山和山脚平原地带的阔叶林、次生林、竹林和林缘灌丛中，也出入村寨附近的茶园、果园、路旁丛林和农田地灌木丛间。

红头穗鹛 *Cyanoderma ruficeps*

林鹛科 Timaliidae　　雀形目 Passeriformes

形态特征： 整体呈现暗褐色。成鸟额至头顶或至枕部为棕红色，额基和眼先淡灰黄色，上体连同翼和尾的表面为橄榄绿褐色；飞羽和尾羽暗褐色，外缘沾茶黄色；下体颏、喉和胸浅灰黄色；喙稍短而向下弯曲。

习性： 主要以昆虫为食，偶食少量植物种子和果实。繁殖期为4—7月，每窝产卵4～5枚。通常营巢于茂密的灌丛、竹丛、草丛和堆放的柴捆上。

生境： 多分布在海拔1000～2500米的沟谷林、亚热带常绿阔叶林、针阔叶混交林，以及山地稀树草坡和高山针叶林中。

褐胁雀鹛 *Schoeniparus dubius*

幽鹛科 Pellorneidae　　　　雀形目 Passeriformes

形态特征：体长13～15厘米。头顶棕褐色，具黑色侧冠纹和宽阔的白色眉纹；眼先黑色；上体包括两翅和尾橄榄褐色；颏、喉、胸、腹白色；腹和胸沾皮黄色；两胁橄榄褐色；尾下覆羽茶黄色。

习性：主要以各种昆虫为食。繁殖期为4—6月，每窝产卵3～5枚。

生境：主要栖息于海拔2500米以下的山地常绿阔叶林、次生林和针阔叶混交林中，也栖息于林缘疏林、灌丛草坡和耕地以及居民点附近的稀树灌丛草地。

白颊噪鹛 *Pterorhinus sannio*

噪鹛科 Leiothrichidae　　　　雀形目 Passeriformes

形态特征：成鸟额至头顶栗褐色，眉纹、眼先和颊纹棕白色，眼后至耳羽深褐色，后颈和颈侧葡萄褐色，肩、背、腰和尾上覆羽以及翼表面橄榄褐色，尾红褐色。

习性：昼行性鸟类，主要以昆虫等动物性食物为食，也吃植物果实和种子。繁殖期为3—7月，每窝产卵3～4枚。通常营巢于柏树、棕树、竹和荆棘等灌丛中。

生境：主要栖息于海拔2000米以下的低山丘陵和山脚平原等地的矮树灌丛和竹丛中，也栖息于林缘、溪谷、农田和村庄附近的灌丛、芦苇丛和稀树草地，甚至出现在城市公园和庭院。

矛纹草鹛 *Pterorhinus lanceolatus*

噪鹛科 Leiothrichidae　　雀形目 Passeriformes

形态特征： 中型鸟类，体长25～29厘米。头顶和上体暗栗褐色，具灰色或棕白色羽缘，形成栗褐色或灰色纵纹；下体棕白色或淡黄色；胸和两胁具暗色纵纹；髭纹黑色；尾褐色，具黑色横斑；虹膜白色、黄白色、黄色至橙黄色；喙黑褐色至角褐色；脚角褐色。

习性： 食性较杂，主要以昆虫及植物叶、芽、果实、种子为食。繁殖期为4—6月，每窝产卵3～4枚。

生境： 生活在从山脚平原一直到海拔3700米左右的森林地带。主要栖息于稀树灌丛、草坡、竹林、常绿阔叶林、针阔叶混交林、亚高山针叶林和林缘灌丛中。

㊕橙翅噪鹛 *Trochalopteron elliotii*

噪鹛科 Leiothrichidae　　雀形目 Passeriformes

形态特征： 雌雄羽色相似。全身大致灰褐色；上背及胸羽具深色及偏白色羽缘而成鳞状斑纹；脸色较深；臀及下腹部黄褐色；初级飞羽基部的羽缘偏黄色、羽端蓝灰色而形成拢翼上的斑纹；尾羽灰色而端白色，羽外侧偏黄色；虹膜黄色；喙黑色；脚棕褐色。

习性： 昼行性鸟类。食性杂，主要以昆虫和植物果实、种子为食。活泼好动，声音清脆悦耳，常在繁殖期发出激昂的歌声来吸引异性。繁殖期为4—7月。通常营巢于林下灌木丛中，巢多筑于灌木或幼树低枝上，每窝产卵2～3枚。

生境： 喜欢栖息在低矮的草丛、灌丛、树丛中，常躲在枝叶间。

保护等级： 国家二级。

蓝翅希鹛 *Siva cyanouroptera*

噪鹛科 Leiothrichidae　　雀形目 Passeriformes

形态特征：两翼、尾及头顶蓝色；上背、两胁及腰黄褐色；喉及腹部偏白色；脸颊偏灰色；眉纹及眼圈白色；尾甚细长而呈方形，从下看为白色，具黑色羽缘。

习性：昼行性鸟类。主要以白蜡虫、甲虫等昆虫为食，也吃少量植物果实与种子。繁殖期为5—7月，产卵数3～4枚，营巢于林下灌丛中。巢呈杯状，主要由草茎、草叶、根、苔藓、树叶等材料构成，内垫细草和根。

生境：主要栖息于海拔600～2400米的阔叶林、针阔叶混交林、针叶林和竹林中，尤以茂密的常绿阔叶林和次生林较常见。

幼鸟

成鸟

红嘴相思鸟 *Leiothrix lutea*

噪鹛科 Leiothrichidae　　　　雀形目 Passeriformes

形态特征：头顶、颈背和上背呈灰色，背中央及翼覆羽呈棕色，下体和尾下羽呈深棕色，喙和脚橙红色，眼睛黄色。雄鸟与雌鸟外形相似，但雄鸟喙峰较大，脚色更鲜艳。与其他相思鸟的区别在于其喙和脚都呈现醒目的橙红色，而其他相思鸟的喙和脚色较为暗淡。

习性：昼行性，主要以毛虫、甲虫、蚂蚁等昆虫为食。每年4月下旬开始繁殖，延续到6月，产卵数3～4枚。营巢在针叶林、常绿林、杂木林等各种类型森林的荆棘或矮树上。巢呈深杯状，以叶梗、竹叶、草或其他柔软物质夹杂少许苔藓构成，内铺以细根或纤细的草。

生境：生活在平原至海拔2000米的山地，常栖居于常绿阔叶林、常绿和落叶混交林的灌丛或竹林中，很少在林缘活动。

保护等级：国家二级。

欧亚旋木雀 *Certhia familiaris*

旋木雀科 Certhiidae　　　　雀形目 Passeriformes

形态特征：小型鸟类，体长12～15厘米，平均重10克。喙长而下曲；上体棕褐色，具白色纵纹；腰和尾上覆羽红棕色；尾黑褐色，外翈羽缘淡棕色；翅黑褐色，翅上覆羽羽端棕白色，飞羽中部具2道淡棕色带斑；下体白色；尾为很硬且尖的楔形尾，似啄木鸟，可为树上爬动和觅食起支撑作用。

习性：昼行性，白天活跃，夜间结群而居，低温夜晚可多达15只共群栖息。有垂直向树干上方爬行觅食的特殊习性，它们坚硬的尾羽可支撑起垂直爬升的身体重量。主要以树干中的小型昆虫和其他无脊椎动物为食。繁殖期在3—6月，每窝产卵3～6枚。

生境：栖息于落叶林和针叶林，繁殖地主要选择松林和云杉林，它们在原始老成林的繁殖密度明显高于托管林区。

栗臀䴓 *Sitta nagaensis*

䴓科 Sittidae　　　　雀形目 Passeriformes

形态特征：中等体形的灰色䴓，具有独特的外观。似普通䴓但下体浅皮黄色，喉、耳羽及胸沾灰色而与两胁的深砖红色成强烈对比。尾下覆羽深棕色，两侧各有1道明显的白色鳞状斑纹而成的条带。两胁砖红色的覆羽是栗臀䴓重要的识别特征。

习性：在清晨和黄昏时分活跃，以昆虫、蜘蛛、蚯蚓、果实和种子为食，善于在地面上觅食，也会在树上跳跃和攀爬。还会利用其强大的喙探寻树皮缝隙中的昆虫。繁殖期为4—7月，喜欢利用啄木鸟的弃巢，有时也会在树干上自己凿洞做巢。

生境：常见于海拔1500～2000米的针叶林。

红翅旋壁雀 *Tichodroma muraria*

䴓科 Sittidae　　雀形目 Passeriformes

形态特征：一种体形略小的鸟类。尾短而喙长，翼具醒目的绯红色斑纹。飞羽黑色，外侧尾羽羽端白色显著，初级飞羽2排白色点斑飞行时成带状。繁殖期雄鸟脸及喉黑色，雌鸟黑色较少。非繁殖期成鸟喉偏白色，头顶及脸颊沾褐色。虹膜深褐色，喙角黑色。

习性：以各种昆虫为食，叫声尖细，似管笛音及哨音。繁殖期为4—7月，产卵数4~5枚。营巢于悬崖峭壁岩石缝隙中。

生境：非树栖高山型，栖息在悬崖和陡坡壁上，或栖于亚热带常绿阔叶林和针阔混交林带中的山坡壁上，分布海拔上限为5000米。

丝光椋鸟 *Spodiopsar sericeus*

椋鸟科 Sturnidae　　　　雀形目 Passeriformes

形态特征：头顶部、后颈和颊部棕白色，各羽呈披散的矛状；喙红色，尖端黑色。上体蓝灰色，腰部和尾上覆羽稍淡，两翼及尾羽黑色，翼上具白斑。下体灰色，颏喉部近白色，尾下覆羽白色。从后颈至胸部有一暗紫色的环带。

习性：主要以昆虫为食，尤其喜食地老虎、甲虫、蝗虫等农林业害虫，也吃桑葚、榕果等植物果实与种子。繁殖期为5—7月，产卵数3～5枚,营巢于树洞和屋顶洞穴中。繁殖期成对活动。

生境：主要栖息于海拔1000米以下的低山丘陵和山脚平原地区的次生林、小块丛林和稀树草坡等开阔地带，尤以农田、道旁、旷野和村落附近的稀疏林间较常见，也出现于河谷和海岸。

灰椋鸟 *Spodiopsar cineraceus*

椋鸟科 Sturnidae　　雀形目 Passeriformes

形态特征： 中等体形的棕灰色椋鸟，头部上黑色而两侧白色，臀、外侧尾羽羽端及次级飞羽狭窄横纹白色。雌鸟色浅而暗。虹膜偏红色；喙黄色，尖端黑色；脚暗橘黄色。

习性： 主要以昆虫为食，也吃少量植物果实与种子。所吃昆虫种类主要有鳞翅目、鞘翅目、直翅目、膜翅目和双翅目昆虫。秋冬季则主要以植物果实和种子为食。繁殖期为5—7月，通常每窝产卵5～7枚。

生境： 栖于海拔800米以下的低山丘陵和开阔平原地带的林缘灌丛和次生阔叶林，常在草甸、河谷、农田等潮湿地上觅食，休息时多栖于电线和树木枯枝上。

虎斑地鸫 *Zoothera aurea*

鸫科 Turdidae　　雀形目 Passeriformes

形态特征：中型雀形目鸟类，体长26～30厘米。成鸟自额至整个上体为鲜亮的橄榄褐色，羽片具棕白色羽干纹、金棕色次端斑和黑色边缘，在上体形成鲜明的黑色鳞状斑；翼上覆羽同背部，飞羽黑褐色；下体颏、喉白色或棕白色，微具黑色端斑；胸、上腹和两胁白色，具黑色端斑和浅棕色次端斑，形成明显的黑色鳞状斑。虹膜暗色或暗褐色；喙褐色，下喙基部肉黄色；脚肉色或橙肉色。

习性：主要以昆虫和无脊椎动物为食，所吃食物主要为鞘翅目、鳞翅目、直翅目等昆虫（幼鸟则主要以鳞翅目幼虫和蚯蚓为食），此外也吃少量植物果实、种子和嫩叶等植物性食物。繁殖期为5—8月，每窝产卵4～5枚。

生境：栖居于茂密森林。

成鸟

幼鸟

乌鸫 *Turdus mandarinus*

鸫科 Turdidae 雀形目 Passeriformes

形态特征：体形略大（体长29厘米）的全深色鸫。雄鸟全黑色，虹膜褐色，喙橘黄色，眼圈黄色，脚黑色。雌鸟上体黑褐色，下体深褐色，喙暗绿黄色至黑色，眼圈颜色略淡。与灰翅鸫的区别在翼全深色。

习性：会小幅度跳起，落下时急速啄食。于地面取食，在树叶中翻找无脊椎动物、蠕虫，冬季也吃植物果实。繁殖期为4—7月，每窝产卵4～6枚。

生境：主要栖息于次生林、阔叶林、针阔叶混交林和针叶林等各种不同类型的森林中。海拔高度从数百米到4500米左右均可遇见。

㊕宝兴歌鸫 *Turdus mupinensis*

鸫科 Turdidae　　雀形目 Passeriformes

形态特征：中型鸟类，体长约23厘米。上体橄榄褐色，喙污黄色，虹膜褐色，脚暗黄色，眉纹棕白色，耳羽淡皮黄色且具黑色端斑，在耳区形成显著的黑色块斑。下体白色，密布圆形黑色斑点。野外特征明显，容易识别。

习性：单独或成对活动，多在林下灌丛中或地上寻食。主要以鳞翅目、鞘翅目等昆虫为食，特别喜食鳞翅目幼虫。繁殖期为5—7月，窝卵数4枚。

生境：主要栖息于海拔1200～3500米的山地针阔叶混交林和针叶林中，尤其喜欢在河流附近潮湿茂密的栎树和松树混交林中生活。在保护区南坡的地势平坦的阔叶林地表觅食。

鹊鸲 *Copsychus saularis*

鹟科 Muscicapidae　　　　雀形目 Passeriformes

形态特征：中等体形（体长20厘米）的黑白色鸲。虹膜褐色，喙及脚黑色。外形像喜鹊，但比喜鹊小很多。上体灰褐色；翅具白斑；下体前部亦为灰褐色，后部白色。雄鸟头、胸及背蓝黑色，两翼及中央尾羽黑，外侧尾羽及覆羽上的条纹白色，腹及臀亦白，特征极为醒目。雌鸟似雄鸟，但暗灰色取代黑色。亚成鸟似雌鸟，但具杂斑。

雏鸟

雌鸟

习性：主要以昆虫为食。此外也吃蜘蛛、小螺、蜈蚣等其他小型无脊椎动物，偶尔也吃植物果实与种子。繁殖期于4—7月，通常营巢于树洞、墙壁、洞穴以及房屋屋檐缝隙等建筑物洞穴中，有时也在树枝丫处营巢，通常每窝产卵4～6枚。

生境：栖居于村落旁的果园、菜地、灌丛、稀疏树林。

乌鹟 *Muscicapa sibirica*

鹟科 Muscicapidae　　　　雀形目 Passeriformes

形态特征：体长12～14厘米，一种体形略小的烟灰色鹟。上体深灰色；翼上具不明显皮黄色斑纹；下体白色；两胁深色，具烟灰色杂斑；上胸具灰褐色模糊带斑；白色眼圈明显；喉白色；通常具白色的半颈环；下脸颊具黑色细纹，翼长至尾的2/3。诸亚种的下体灰色程度不同。亚成鸟脸及背部具白色点斑。虹膜深褐色，喙黑色，脚黑色。

习性：主要以昆虫为食，偶尔也会食用植物性食物。繁殖期为5—7月，每窝产卵4～6枚。

生境：主要栖息于落叶阔叶林、针阔叶混交林和针叶林中，尤其是山地溪流沿岸的混交林和针叶林较常见。

山蓝仙鹟 *Cyornis whitei*

鹟科 Muscicapidae　　　　雀形目 Passeriformes

形态特征：中等体形（体长15厘米）的蓝、橘黄及白色（雄鸟）或近褐色（雌鸟）鹟。虹膜褐色，喙黑色，脚褐色。雄鸟上体深蓝色，额及短眉纹钴蓝色，眼先、眼周、颊及颏点黑色，喉、胸及两胁橙黄色，腹白色，颏及整个喉橘黄色。雌鸟上体褐色，眼圈皮黄色，下体似雄鸟但较淡。雌鸟与雌蓝喉仙鹟的区别在胸多棕色，喉棕色而非皮黄色。幼鸟褐色斑驳，上体具皮黄橙色点斑。

习性：主要以蚂蚁、甲虫等昆虫为食，也吃少量植物果实和种子。繁殖期为4—6月，窝卵数为4～5枚。

生境：主要栖息于海拔1200米以下的常绿落叶阔叶林、次生林和竹林中。在云南西部，夏天有时可上到海拔2500米左右的中山地区。

雄鸟

雌鸟

雌鸟 幼鸟 雄鸟

铜蓝鹟 *Eumyias thalassinus*

鹟科 Muscicapidae　　雀形目 Passeriformes

形态特征： 体形略大（体长17厘米）、全身绿蓝色的鹟。虹膜褐色，喙黑色，脚近黑色。雄雌两性尾下覆羽均具偏白色鳞状斑纹。雄鸟眼先黑色；雌鸟色暗，眼先暗黑；亚成鸟灰褐色沾绿色，具皮黄色及近黑色的鳞状纹及点斑。

习性： 主要以鳞翅目、鞘翅目、直翅目等昆虫为食，也吃部分植物果实和种子。繁殖期为5—7月，每窝产卵3～5枚，通常4枚。

生境： 主要栖息于海拔900～3700米的常绿阔叶林、针阔叶混交林和针叶林等山地森林和林缘地带，春、秋和冬季也下到山脚和平原地带的次生林、人工林、林缘疏林灌丛、果园、农田地边以及住宅附近的小树丛和树上。

红喉歌鸲 *Calliope calliope*

鹟科 Muscicapidae　　　　雀形目 Passeriformes

形态特征：中等体形（体长约16厘米）而丰满的褐色歌鸲。虹膜褐色，喙深褐色，脚粉褐色。具醒目的白色眉纹和颊纹，尾褐色，两胁皮黄色，腹部皮黄白色。雌鸟胸带近褐色，头部黑白色条纹独特。成年雄鸟特征为喉红色。

习性：属迁徙性鸟，夏天在中国最北边繁殖，秋末迁徙到中国最南部越冬。以昆虫为主食，如蝗虫、椿象及蚊类等，此外，也吃少量野果及杂草种子。繁殖于4—6月，每窝产卵4～5枚。

生境：地栖性鸟类，常栖息于平原地带的灌丛、芦苇丛或竹林间，更多活动于溪流近旁，多觅食于地面或灌丛的低地间。

保护等级：国家二级。

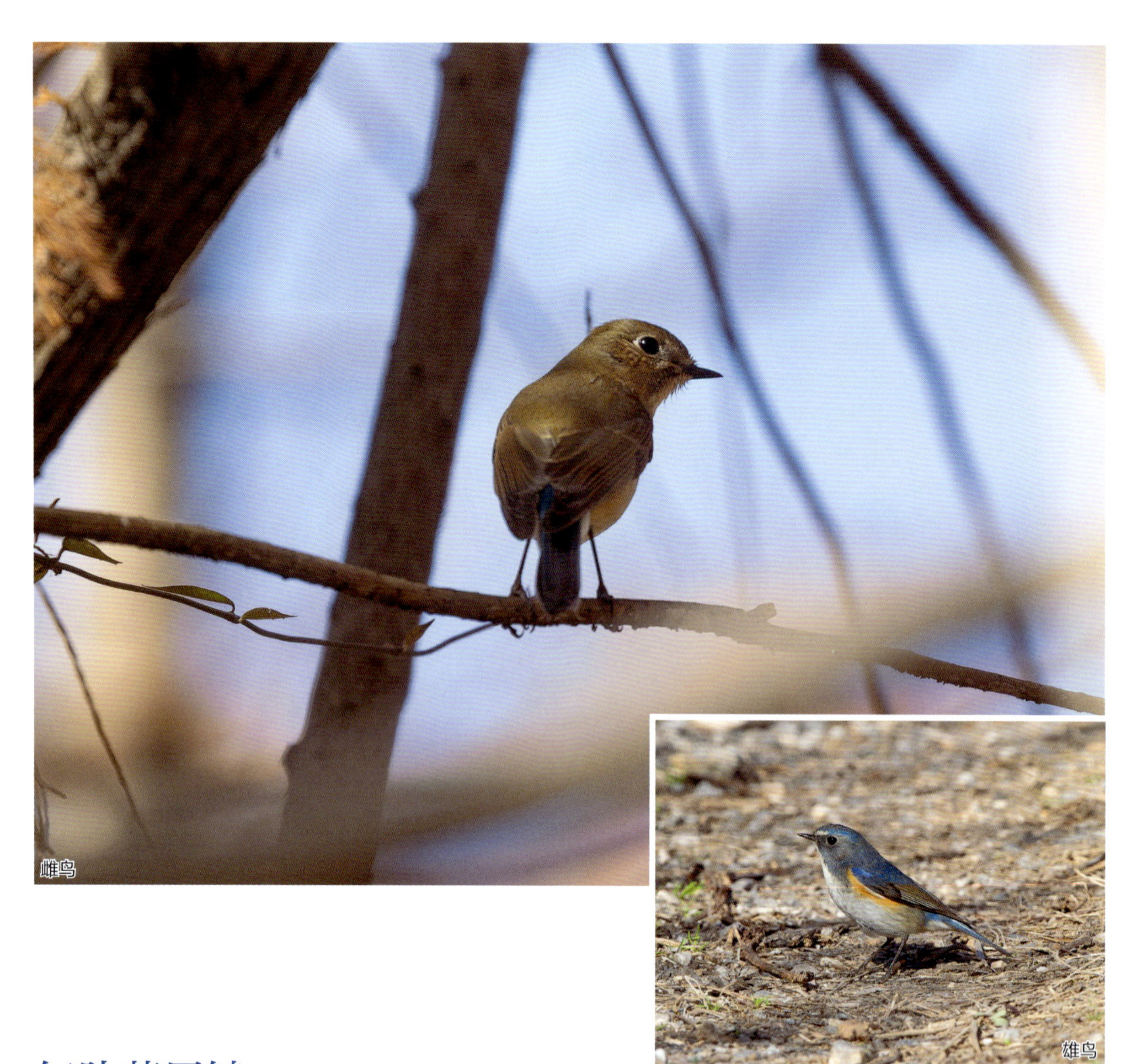

红胁蓝尾鸲 *Tarsiger cyanurus*

鹟科 Muscicapidae　　雀形目 Passeriformes

形态特征：一种小型鸟类。雌雄异型，虹膜褐色，喙黑色，脚灰色。显著特征为橘黄色两胁与白色腹部及臀对比强烈。雄鸟上体蓝色，眉纹白色；亚成鸟及雌鸟体褐色，尾蓝色；与蓝眉林鸲相比，容易与蓝眉林鸲混淆。

习性：繁殖期间主要以甲虫、小蠹虫、天牛、蚂蚁、泡沫蝉、尺蠖、金花虫、蛾类幼虫、金龟子、蚊、蜂等昆虫为食。迁徙期间除吃昆虫外，也吃少量植物果实与种子等植物性食物。繁殖期为5—7月，通常每窝产卵4～7枚。

生境：繁殖期间主要栖息于海拔1000米以上的山地针叶林、岳桦林、针阔叶混交林和山上部林缘疏林灌丛地带，尤以潮湿的冷杉、岳桦林下较常见。迁徙季节和冬季亦见于低山丘陵和山脚平原地带的次生林，林缘疏林、道旁和溪边疏林灌丛中，有时甚至出现于果园和村寨附近的疏林、灌丛和草坡。

紫啸鸫 *Myophonus caeruleus*

鹟科 Muscicapidae　　　　雀形目 Passeriformes

形态特征：雌雄羽色相似。前额基部和眼先黑色；其余头部和整个上下体羽深紫蓝色，各羽末端均具辉亮的淡紫色滴状斑，此滴状斑在头顶和后颈较小，在两肩和背部较大，腰和尾上覆羽滴状斑较小而且稀疏；两翅黑褐色；翅上覆羽外翈深紫蓝色，内翈黑褐色；翅上小覆羽全为辉紫蓝色；中覆羽除西南亚种无白色端斑外，均具白色或紫白色端斑。

习性：地面取食，主要以昆虫为食。繁殖期为4—7月，窝卵数以6枚居多。

生境：主要栖息于山地、森林、河谷、林缘和居民点附近的灌丛与低矮树丛中，尤以居民点和附近的丛林、花园、地边树丛较常见。

北红尾鸲 *Phoenicurus auroreus*

鹟科 Muscicapidae　　　　雀形目 Passeriformes

形态特征：体长13～15厘米。雄鸟头顶至背石板灰色；下背和两翅黑色，具明显的白色翅斑；腰、尾上覆羽和尾橙棕色；前额基部、头侧、颈侧、颏喉和上胸黑色；其余下体橙棕色。雌鸟上体橄榄褐色，眼圈微白，下体暗黄褐色，胸沾棕色，腹中部近白色。

习性：主要以昆虫为食，其中，雏鸟和幼鸟主要以蛾类、蝗虫和昆虫幼虫为食，成鸟则多以鞘翅目、鳞翅目、直翅目、半翅目、双翅目、膜翅目等昆虫为食。繁殖期为5—7月，窝卵数以6枚居多。

生境：主要栖息于山地、森林、河谷、林缘和居民点附近的灌丛与低矮树丛中，尤以居民点和附近的丛林、花园、地边树丛较常见。

雌鸟

雄鸟

雌鸟

雄鸟

蓝额红尾鸲 *Phoenicurus frontalis*

鹟科 Muscicapidae　　雀形目 Passeriformes

形态特征：体长14～16厘米。雄鸟夏羽前额和短眉纹辉蓝色；头顶、头侧、后颈、颈侧、背、肩、翅小覆羽和中覆羽以及颏、喉和上胸概为黑色，具蓝色金属光泽。雌鸟头顶至背为棕褐色，腰和尾上覆羽为栗棕色或棕色，中央尾羽黑褐色，眼圈棕白色，腹部为橙棕色。

习性：主要以甲虫、蝗虫、毛虫、蚂蚁、鳞翅目幼虫等昆虫为食，也吃少量植物果实与种子。繁殖期为5月末至8月初，每窝产卵3～4枚。通常营巢于地上倒木下或岩石掩护下的洞中，也在倒木树洞、岸边和岩壁洞穴中营巢。

生境：繁殖期间主要栖息于海拔2000～4200米的亚高山针叶林和高山灌丛草甸，尤以林线上缘多岩石的疏林灌丛和沟谷灌丛地区较常见，冬季多下到中低山和山脚地带。

蓝矶鸫 *Monticola solitarius*

鹟科 Muscicapidae　　　　雀形目 Passeriformes

形态特征：雄鸟通体靛蓝色，头顶和背较为辉亮，尾羽和飞羽黑褐色且具灰蓝色边缘。雌鸟额、头顶至整个上体暗灰蓝色，隐隐具有黑褐色横斑，背部横斑较为明显；飞羽和尾羽黑褐色且具灰蓝色边缘；眼先、眼周和耳羽黑褐色杂以棕白色纵纹；颜、喉棕白色且微具黑褐色鳞状纹；头侧、颈侧和下体余部为淡铅灰蓝色，满布棕白色和黑褐色横斑。虹膜暗褐色，脚黑色。

习性：主要以甲虫、金龟子、步行虫、蝗虫、鳞翅目幼虫等昆虫为食，尤喜食鞘翅目昆虫。4月下旬开始产卵，每窝产卵3～6枚。

生境：常栖于突出位置如岩石、房屋柱子及枯树，冲向地面捕捉昆虫。

黑喉石鹏 *Saxicola maurus*

鹟科 Muscicapidae　　雀形目 Passeriformes

形态特征： 体长12～15厘米。雄鸟上体黑褐色，腰白色，颈侧和肩有白斑，颏、喉黑色，胸锈红色，腹浅棕色或白色。雌鸟上体灰褐色，喉近白色，其余和雄鸟相似。幼鸟和雌鸟相似，但棕色羽缘更宽而显著，眼先、脸颊、耳羽黑色，颏、喉羽端灰白色沾黄色，羽基黑色，其余似成鸟。虹膜褐色或暗褐色，喙、脚黑色。

习性： 主要以昆虫为食，也吃蚯蚓、蜘蛛等其他无脊椎动物以及少量植物果实和种子。繁殖期为4—7月，每窝产卵5～8枚。

生境： 主要栖息于低山丘陵、平原、草地、沼泽、田间灌丛、旷野，以及湖泊与河流沿岸附近灌丛草地。

雄鸟

白斑黑石䳭 *Saxicola caprata*

鹟科 Muscicapidae　　雀形目 Passeriformes

形态特征：体小（体长约13厘米）的黑白色䳭类。虹膜深褐色，喙黑色，脚黑色。雄鸟通体烟黑色，仅醒目的翼上条纹及腰部为白色。雌鸟多具褐色纵纹，腰浅褐色。亚成鸟褐色而多点斑。

习性：主要以昆虫为食。繁殖期为4—7月。每窝产卵3～5枚。通常营巢于灌丛或草丛中地上凹坑内，也在岸边土洞、岩石缝隙或树根下的洞穴中营巢。

生境：主要栖息于低山丘陵、山脚平原、农田、旷野等开阔地带，尤其是有稀疏灌木生长的草地、河谷、溪流等水域附近和农田地边灌木丛中较常见。

灰林鵖 *Saxicola ferreus*

鹟科 Muscicapidae　　雀形目 Passeriformes

形态特征： 中等体形（体长约15厘米）的偏灰色石鵖。雄鸟上体灰色斑驳，醒目的白色眉纹及黑色脸罩与白色的颏及喉成对比；下体近白色，烟灰色胸带及至两胁，翼及尾黑色，飞羽及外侧尾羽羽缘灰色，内覆羽白色（飞行时可见）；停息时背羽有褐色缘饰，旧羽灰色重。雌鸟似雄鸟，但褐色取代灰色，腰栗褐色。幼鸟似雌鸟，但下体褐色具鳞状斑纹。虹膜深褐色，喙灰色，脚黑色。

习性： 主要以昆虫为食，偶尔也吃植物果实、种子和草籽。繁殖期为5—7月，通常每窝产卵4～5枚。

生境： 主要栖息于海拔3000米以下的林缘疏林、草坡、灌丛以及沟谷、农田和路边灌丛、草地，有时也沿林间公路和溪谷进到开阔而稀疏的阔叶林、松林等林缘和林间空地。

雌鸟

雄鸟　雌鸟

红胸啄花鸟 *Dicaeum ignipectus*

啄花鸟科 Dicaeidae　　雀形目 Passeriformes

形态特征：体形纤小（体长9厘米）的深色啄花鸟。虹膜褐色，喙及脚黑色。雄鸟上体深绿蓝色，下体皮黄色，胸具猩红色的块斑，一道狭窄的黑色纵纹沿腹部而下。雌鸟下体赭皮黄色。亚成鸟似纯色啄花鸟的亚成鸟，但分布在较高海拔处。

习性：食物种类主要有双翅目、鳞翅目、鞘翅目等各种昆虫及其虫卵，蜘蛛等无脊椎动物以及花蕊和花蜜浆汁等植物性食物。繁殖期为4—7月，每窝产卵2～3枚。

生境：主要栖息于海拔1500米以下的低山丘陵和山脚平原地带的阔叶林和次生阔叶林、山地森林。夏季也常上到海拔1500～3000米的阔叶林和针阔叶混交林地带活动。

雄鸟

白腰文鸟 *Lonchura striata*

梅花雀科 Estrildidae　　雀形目 Passeriformes

形态特征：中等体形（体长11厘米）的文鸟。上体深褐色，具尖形的黑色尾，腰白色，腹部皮黄白色，背上有白色纵纹，下体具细小的皮黄色鳞状斑及细纹。雌雄外形差异不大，可根据鸣声和性行为的姿态加以判断。

习性：日行性。主要以植物种子为食，特别喜欢稻谷，在夏季也吃一些昆虫和未成熟的谷穗、草穗。在中国的繁殖期持续时间较长，2—11月在各地可见其筑巢，每窝产卵3～7枚，通常4～6枚。

生境：栖息于海拔1500米以下的低山丘陵和山脚平原地带，尤以溪流、苇塘、农田和村落附近较常见，常见于低海拔的林缘、次生灌丛、农田及花园，高可至海拔1600米的区域。

斑文鸟 *Lonchura punctulata*

梅花雀科 Estrildidae　　雀形目 Passeriformes

形态特征：体形略小（体长10厘米）的暖褐色文鸟，雄雌同色。上体褐色，羽轴白色而成纵纹，喉红褐色，下体白色，胸及两胁具深褐色鳞状斑。亚成鸟下体皮黄色而无鳞状斑。虹膜红褐色，喙蓝灰色，脚灰黑色。

习性：日行性。除繁殖期间成对活动外，多成群，常成20～30只，甚至上百只的大群活动和觅食，有时也与麻雀和白腰文鸟混群。主要以谷粒等农作物为食，也吃草籽和其他野生植物果实与种子，对农业有一定危害，繁殖期间也吃部分昆虫。斑文鸟繁殖期变化较大，持续时间较长。但多数在3—8月繁殖，或1年繁殖2～3窝。

生境：主要栖息于海拔1500米以下的低山丘陵、山脚和平原地带的农田、村落、林缘疏林及河谷地区。在云南西部地区，也见于海拔2500米左右的田边灌丛和附近的混交林带。

山麻雀 *Passer cinnamomeus*

雀科 Passeridae　　雀形目 Passeriformes

形态特征：中等体形（体长14厘米）的艳丽麻雀。虹膜褐色，脚粉褐色。雄雌异色。雄鸟喙灰色，顶冠及上体为鲜艳的黄褐色或栗色，上背具纯黑色纵纹，喉黑色，脸颊污白色。雌鸟色较暗，喙黄色而喙端色深，具深色的宽眼纹及奶油色的长眉纹。

习性：日行性。留鸟，部分迁徙。山麻雀属杂食性鸟类，主要以植物性食物和昆虫为食。繁殖期为4—8月，每窝产卵4～6枚。

生境：栖息于海拔1500米以下的低山丘陵和山脚平原地带的各类森林和灌丛中，在西南和青藏高原地区，也见于海拔2000～3500米的各林带间。

麻雀 *Passer montanus*

雀科 Passeridae　　雀形目 Passeriformes

形态特征：体长14厘米左右，体态矮圆，性活跃。虹膜深褐色，喙黑色，脚粉褐色，顶冠及颈背褐色，雌雄形、色非常接近（可通过肩羽来加以辨别，成年雄鸟此处为褐红色，成鸟雌鸟则为橄榄褐色）。成鸟上体近褐色，下体皮黄灰色，颈背具完整的灰白色领环，与家麻雀及山麻雀的区别在脸颊具明显黑色点斑且喉部黑色较少。幼鸟似成鸟但色较暗淡，喙基黄色，喉部为灰色，随着鸟龄的增大此处颜色会越来越深直到呈黑色。幼鸟雌雄极不易辨认。

习性：常见留鸟。主要以谷物为食，冬季和早春，以杂草种子和野生禾本科植物的种子为食，也吃人类扔弃的各种食物。除冬季外，几乎总处在繁殖期，每次产卵6枚左右。

生境：多在有人类集居的地方，如城镇和乡村，河谷、果园、岩石草坡、房前屋后和路边树上活动和觅食。

树鹨 *Anthus hodgsoni*

鹡鸰科 Motacillidae　　　　雀形目 Passeriformes

形态特征：体长15～17厘米。虹膜褐色；下喙偏粉色，上喙角质色；具粗显的白色眉纹；脚粉红色。与其他鹨的区别在上体纵纹较少，喉及两胁皮黄色，胸及两胁黑色纵纹浓密。

习性：在中国为夏候鸟或冬候鸟，在四川为夏候鸟。每年4月初开始迁来东北繁殖地，秋季于10月下旬开始南迁，迁徙时常集成松散的小群。常成对或成3～5只的小群活动，迁徙期间亦集成较大的群。多在地上奔跑觅食。性机警，站立时尾常上下摆动。食物主要有昆虫，也吃蜘蛛、蜗牛等小型无脊椎动物，此外，还吃苔藓、谷粒、杂草种子等植物性食物。繁殖期为6—7月。1年繁殖1窝，每窝产卵4～6枚，多为5枚。

生境：繁殖期间主要栖息在海拔1000米以上的阔叶林、混交林和针叶林等山地森林中，在南方可达海拔4000米左右的高山森林地带。迁徙期间和冬季，则多栖于低山丘陵和山脚平原草地。常活动在林缘、路边、河谷、林间空地、高山苔原、草地等各类生境，有时也出现在居民点和社区。

灰鹡鸰 *Motacilla cinerea*

鹡鸰科 Motacillidae　　雀形目 Passeriformes

形态特征：体长约19厘米。头部和背部深灰色；虹膜褐色；喙黑褐色；脚粉灰色；尾上覆羽黄色，中央尾羽褐色，最外侧1对黑褐色具大型白斑。眉纹白色；喉、颏部黑色，冬季为白色；两翼黑褐色，有1道白色翼斑。

习性：日行性。主要以昆虫为食，此外，也吃蜘蛛等其他小型无脊椎动物；其中，雏鸟主要以石蛾、石蝇等水生昆虫为食，也吃少量鞘翅目昆虫。繁殖期为5—7月，产卵数4～6枚，通常为5枚。

生境：主要栖息于溪流、河谷、湖泊、水塘、沼泽等水域岸边或水域附近的草地、农田、住宅和林区居民点，尤其喜欢在山区河流岸边和道路上活动，也出现在林中溪流和城市公园中。

繁殖羽

白鹡鸰 *Motacilla alba*

鹡鸰科 Motacillidae　　雀形目 Passeriformes

形态特征：体长16.5～18厘米。前额和脸颊白色，头顶和后颈黑色，虹膜褐色，喙及脚黑色，体羽上体灰色，下体白色，两翼及尾黑白相间。冬季头后、颈背及胸具黑色斑纹但不如繁殖期扩展，黑色的多少随亚种而异。雌鸟似雄鸟，但色较暗。亚成鸟以灰色取代成鸟的黑色。

习性：主要以昆虫为食，此外也吃蜘蛛等其他无脊椎动物，偶尔也吃植物种子、浆果等植物性食物。繁殖期为4—7月。通常每窝产卵为5～6枚。

生境：主要栖息于河流、湖泊、水库、水塘等水域岸边，也栖息于农田、湿草原、沼泽等湿地，有时还栖息于水域附近的居民点和公园。

黑尾蜡嘴雀 *Eophona migratoria*

燕雀科 Fringillidae　　雀形目 Passeriformes

雄鸟

形态特征：体形略大（体长17厘米）而敦实的雀类。虹膜褐色，喙深黄色而端黑色，脚粉褐色。繁殖期雄鸟外形极似有黑色头罩的大型灰雀，体灰色，两翼近黑。雌鸟似雄鸟，但头部黑色少。幼鸟似雌鸟但褐色较重。

习性：主要以种子、果实、草籽、嫩叶、嫩芽等植物性食物为食，也吃部分昆虫，所吃食物有膜翅目、鞘翅目等昆虫和蜗牛等小型无脊椎动物，植物性食物有蔷薇种子、高粱、槐树种子、豆类、红花子和嫩芽。繁殖期为5—7月，每窝产卵3～7枚，多为4～5枚。

生境：栖息于低山和山脚平原地带的阔叶林、针阔叶混交林、次生林和人工林中，也出现于林缘疏林、河谷、果园、城市公园以及农田地边和庭院中的树上。

雌鸟

普通朱雀 *Carpodacus erythrinus*

燕雀科 Fringillidae　　　　雀形目 Passeriformes

形态特征： 体长13～15厘米。虹膜暗褐色，喙角褐色，下喙较淡，脚褐色。雄鸟头顶、腰、喉、胸红色或洋红色；背、肩褐色或橄榄褐色，羽缘沾红色；两翅和尾黑褐色，羽缘沾红色。雌鸟上体灰褐色或橄榄褐色，具暗色纵纹；下体白色或皮黄白色，亦具黑褐色纵纹。

雄鸟

习性： 主要以果实、种子、花序、芽苞、嫩叶等植物性食物为食，繁殖期间也吃部分昆虫。繁殖期为5—7月，每窝产卵3～6枚，多为4～5枚。

生境： 栖息于海拔1000米以上的针叶林和针阔叶混交林及其林缘地带，在西藏、西南和西北地区栖息较高，夏季上到海拔3000～4100米的山地森林和林缘灌丛地带，冬季多下降到海拔2000米以下的中低山和山脚平原地带的阔叶林和次生林中。

雄鸟

雌鸟

灰头灰雀 *Pyrrhula erythaca*

燕雀科 Fringillidae　　雀形目 Passeriformes

形态特征： 体长约17厘米，似其他灰雀但成鸟的头灰色。虹膜深褐色，喙近黑色，脚粉褐色。雄鸟胸及腹部深橘黄色。雌鸟下体及上背暖褐色，背有黑色条带。幼鸟似雌鸟但整个头全褐色，仅有极细小的黑色眼罩。飞行时，白色的腰及灰白色的翼斑明显可见。

习性： 冬季结小群生活，不惧人。主要以植物种子、果实为食。有时也会取食小型昆虫。

生境： 常见于海拔1500～4000米的高山带。栖息于亚热带常绿阔叶林、针阔叶混交林、高山草甸及裸岩等生境以及山顶、高山树冠上。

金翅雀 *Chloris sinica*

燕雀科 Fringillidae　　雀形目 Passeriformes

形态特征：体小（体长13厘米）的黄、灰及褐色雀类。虹膜深褐色，喙偏粉色，脚粉褐色。双翅的飞羽黑褐色，但基部有宽阔的黄色翼斑，所谓“金翅”指的就是这一部分的羽毛颜色。成体雄鸟顶冠及颈背灰色，眼先和眼周部位羽毛深褐色至近黑色，背纯褐色，翼斑、外侧尾羽基部及臀黄色。雌鸟色暗。幼鸟色淡且多纵纹。

习性：日行性。经常可以见成群齐飞。食物主要是树木和杂草的种子，也食谷物和昆虫。在松树上筑巢，巢呈杯状，由草根、羽毛等构成。繁殖期为3—7月，每窝产卵2～5枚。

生境：生境非常多样，其垂直分布可达海拔2400米的高山区，在低山和平原地区也常见，在平原地区活动于高大乔木的树冠中，在山地则穿梭于低矮的灌木从中。

黑头金翅雀 *Chloris ambigua*

燕雀科 Fringillidae　　雀形目 Passeriformes

形态特征：体小（体长13厘米）的偏黄色雀类。头黑绿色，虹膜深褐色，喙粉红色，脚粉红色。似高山金翅雀但头无条纹，腰及胸橄榄色而非黄色。似金翅雀但绿色甚浓重而无暖褐色调。幼鸟较成鸟色淡且多纵纹，似高山金翅雀及金翅雀的幼鸟但色深且绿色重。

习性：日行性。主要以草籽、野生植物果实和种子为食，也吃农作物，如荞麦、黄豆、麦子、蔬菜等，繁殖季节也吃部分昆虫。繁殖期为5—7月，每窝产卵多为4枚。

生境：主要栖息于海拔1800米以上的高山和亚高山针叶林和林缘地带，也见于开阔的针阔叶混交林和常绿阔叶林以及山边疏林草坡、高山草甸、河滩和农田地中，有时也进村寨和居民点附近。

雄鸟

雄鸟

雌鸟

凤头鹀 *Emberiza lathami*

鹀科 Emberizidae 雀形目 Passeriformes

形态特征：体长约17厘米，具特征性的细长羽冠。虹膜深褐色；喙灰褐色，下喙基粉红色；脚紫褐色。雄鸟辉黑色，两翼及尾栗色，尾端黑色。雌鸟深橄榄褐色，上背及胸满布纵纹，较雄鸟的羽冠短，翼羽色深且羽缘栗色。

习性：活动取食均多在地面，活泼易见。冬季于农田取食。除非在家族群时期，一般单个或成对生活，很少结群。食性以植食性为主，如取食麦粒、薯类、杂草种子和树叶、果皮等，也吃少量昆虫和蠕虫。繁殖期在5—8月，每窝产卵4～5枚。

生境：栖息于低山丘陵和山脚平原等开阔地带和海拔2000～2500米的中高山地区，常出入亚热带常绿阔叶林和松树林林缘地带，尤以河谷、溪流两岸疏林灌丛地带较常见。秋冬季节也出现于山边稀树草坡、农田和树寨附近的树丛和灌木丛中，有时甚至出现在城市的公园和庭院中。

栗耳鹀 *Emberiza fucata*

鹀科 Emberizidae　　雀形目 Passeriformes

形态特征： 体长约16厘米。虹膜深褐色，上喙黑色且具灰色边缘，下喙蓝灰色且基部粉红色，脚粉红色。繁殖期雄鸟栗色耳羽与灰色的顶冠及颈侧成对比；颈部图纹独特，为黑色下颊纹下延至胸部与黑色纵纹形成的项纹相接，并与喉及其余部位的白色以及棕色胸带上的白色成对比。雌鸟与非繁殖期雄鸟相似，但色彩较淡而少特征。

习性： 食物组成随季节而不同，繁殖期间主要以昆虫为食，此外，也吃谷粒、草籽和灌木果实等植物性食物，秋冬季也吃部分谷子、高粱等农作物。繁殖期5—8月，每窝产卵4～6枚，通常5枚。

生境： 栖息于低山丘陵、平原、河谷、沼泽等开阔地带，尤以生长有稀疏灌木的林缘沼泽草地以及溪边和林间路边灌木沼泽地区较为常见，也出现在田边、地头和居民点附近的草地灌丛中，不喜欢茂密的森林。

灰眉岩鹀 *Emberiza godlewskii*

鹀科 Emberizidae　　雀形目 Passeriformes

形态特征：体长约16厘米。虹膜深红褐色；喙灰色，端部近黑色，下喙基黄色或粉色；脚橙褐色。主要特征为头部具灰色及黑色条纹，下体暖褐色。雌鸟似雄鸟，但色暗。与戈氏岩鹀的区别在头部条纹黑色而非褐色，且头部的灰色甚显白。

习性：主要以草籽、果实、种子和农作物等植物性食物为食，也吃昆虫。繁殖期为4—7月，每窝产卵3～5枚。

生境：栖息于海拔高度500～4000米的裸露的低山丘陵、高山和高原等开阔地带的岩石荒坡、草地和灌丛中，尤喜偶尔有几株零星树木的灌丛、草丛和岩石地面，也出现于林缘、河谷、农田、路边以及村旁树上和灌木上。

黄喉鹀 *Emberiza elegans*

鹀科 Emberizidae　　雀形目 Passeriformes

形态特征：中等体形（体长约15厘米）的鹀。虹膜深栗褐色，喙近黑色，脚浅灰褐色。腹白色，头部图纹为清楚的黑色及黄色，具短羽冠。雌鸟似雄鸟但色暗，褐色取代黑色，皮黄色取代黄色；下喉部不具有黑色的围脖。

习性：以昆虫和植物果实、种子为食，繁殖期间几乎全吃昆虫。繁殖期为5—7月，每窝产卵6枚。

生境：栖息于低山丘陵地带的次生林、阔叶林、针阔叶混交林的林缘灌丛中，尤喜河谷与溪流沿岸疏林灌丛，也栖息于生长有稀疏树木或灌木的山边草坡以及农田、道旁和居民点附近的小块次生林内。

小鹀 *Emberiza pusilla*

鹀科 Emberizidae　　雀形目 Passeriformes

形态特征： 体长约13厘米，较小的鹀。头具条纹，雄雌同色。繁殖期成鸟体小而头部具黑色和栗色条纹，眼圈色浅。冬季雄雌两性耳羽及顶冠纹暗栗色，颊纹及耳羽边缘灰黑，眉纹及第二道下颊纹暗皮黄褐色。上体褐色而带深色纵纹，下体偏白色，胸及两胁有黑色纵纹。

习性： 日行性。主要以草籽、种子、果实等植物性食物为食，也吃昆虫等动物性食物。繁殖期为6—7月，每窝产卵4～6枚，偶尔多至7枚。

生境： 繁殖期间主要栖息于泰加林北部开阔的苔原和苔原森林地带，特别是有稀疏杨树、桦树、柳树和灌丛的林缘沼泽、草地和苔原地带。在迁徙季节和冬季，栖息于低山丘陵和山脚平原地带的灌丛、草地和小树丛中、农田、地边和旷野中的灌丛与树上。

灰头鹀 *Emberiza spodocephala*

鹀科 Emberizidae　　雀形目 Passeriformes

形态特征：体小（体长约14厘米）的黑色及黄色鹀。虹膜深栗褐色；上喙近黑色并具浅色边缘，下喙偏粉色且端部深色；脚粉褐色。指名亚种繁殖期雄鸟的头、颈背及喉灰色，眼先及颏黑色；上体余部浓栗色而具明显的黑色纵纹；下体浅黄色或近白色；肩部具一白斑；尾色深而带白色边缘。雌鸟及冬季雄鸟头橄榄色，过眼纹及耳覆羽下的月牙形斑纹黄色。

习性：日行性。杂食性，在早春和晚秋时以草籽、植物果实和各种谷物为食，夏季繁殖期大量啄食鳞翅目昆虫幼虫及其他昆虫。繁殖期为5—7月，每年产2窝，每窝产卵4～6枚。

生境：栖息在平原以至高山，可见于海拔3000米左右。生活于山区河谷溪流两岸，平原沼泽地的疏林和灌丛中，也在山边杂林、草甸灌丛、山间耕地以及公园、苗圃和篱笆上。

雌鸟

雄鸟

03 爬行纲

tilia

原尾蜥虎 *Hemidactylus bowringii*

壁虎科 Gekkonidae　　有鳞目 Squamata

形态特征：体形较小，成体体长6～10厘米；头较扁，略呈三角形。眼大，瞳孔呈一纵裂缝。耳孔小，鼓膜深陷，吻鳞后端有一凹沟。上唇鳞10枚，下唇鳞8枚，头、躯干背面被覆大小一致的细粒鳞，胸腹部鳞片稍大，覆瓦状排列。尾近圆柱形，两侧无锯齿状物，尾端尖，尾腹面中央一行鳞片大。

习性：夜行性爬行动物，以蚊蝇飞蛾等昆虫为主食。某些尾椎椎体中间尚留有一个未骨化层，当它的尾部受到强烈的干扰时，会发生断尾现象。5—8月下旬繁殖（高峰期在5月中旬至6月中旬），产卵2～3枚。

生境：经常在房屋内外墙壁、住宅区的路边石壁上、水沟旁、电线杆或树枝上活动。

蹼趾壁虎 *Gekko subpalmatus*

壁虎科 Gekkonidae　　有鳞目 Squamata

形态特征：体长6～12厘米，体形较小，外形略呈圆筒形，四肢相对较短；尾巴较长，尖端稍呈鞭状。身体表面覆盖鳞片，部分鳞片上有微小的棘状突起，身体的背部通常呈现出不同颜色的花纹。脚掌底部有一些蹼状结构，体色多为绿色或棕色，有些品种会有红色或橙色的斑点或条纹。瞳孔通常为垂直形，类似于猫科动物的瞳孔，可以快速调节光线的进入量。

习性：常见的树栖壁虎，通常在树上活动，借助趾和尾巴的附着力在树枝之间爬行、跳跃和滑行。通常在夜间活动。主要以昆虫、蜘蛛和其他小型无脊椎动物为食，有时也会捕食小型脊椎动物。

生境：生活在热带和亚热带地区的森林、灌丛和树林边缘等环境中。

铜蜓蜥 *Sphenomorphus indicus*

石龙子科 Scincidae　　有鳞目 Squamata

形态特征：体长一般在5～7厘米，雄性稍大于雌性。头部呈扁平状，眼睛较大，眼睑有透明的圆瞳孔。四肢短小，脚趾末端有爪。身体被细小鳞片覆盖；背部呈棕色，具有黑色条纹；腹部为淡黄色。

习性：主要分布在中国南方地区，昼行性动物，喜欢在早晨和傍晚活动，白天则躲藏在树下、石缝、草丛等地方避暑。杂食性动物，主要以昆虫、蜘蛛、蚂蚁等小型无脊椎动物为食，也会偶尔吃一些植物的嫩叶或果实。在繁殖季节，雄性会用喉部发出的声音吸引雌性。每年5—6月，雌性会产下5～6枚卵，经过约一个月的孵化后幼蜥破壳，开始独立生活。

生境：栖息于山区、丘陵、草地等生境。常见于保护区郁闭度高、地形复杂、落叶多的生境。

特 蓝尾石龙子 *Plestiodon elegans*

石龙子科 Scincidae　　有鳞目 Squamata

形态特征：体长一般为15～20厘米，最长可达28厘米左右。头部较宽，颈部不明显，身体比较扁平，四肢相对较短，尾巴比身体稍长。体背呈淡灰色或黄棕色，通常带有深色的斑点和斑块，有时还有深色的纵纹，与周围环境相当融合。腹部通常为白色或浅黄色。最显著的特征是蓝色的尾巴，尾巴基部为灰色或深棕色，末端则是鲜艳的天蓝色或青色。

习性：白天活动的爬行动物，通常在早晨或傍晚时出现，夜间则会躲藏起来休息。以昆虫和其他小型节肢动物为食，捕食方式为伏击或追逐捕食。在繁殖期，雄性会进行颜色展示来吸引雌性，交配后会在岩石裂隙或树洞中产卵并孵化。

生境：常见于保护区森林地表腐殖层、灌丛以及开阔地的乱石堆。栖息在低山山林、岩石裂隙和树枝上。

雄性

㊕裸耳龙蜥 *Diploderma dymondi*

鬣蜥科 Agamidae　　有鳞目 Squamata

形态特征：身体较小，平均体长为10～15厘米，尾巴也相对较短。头部宽大，眼睛较大，瞳孔为垂直状，外耳孔裸露在头部上部。身体背部为棕色或灰褐色，具有许多纵向条纹；腹部为浅色。四肢相对较长，每只趾端具有扁平的盘状附属物，可帮助它们在树枝上爬行。具有可以自行脱落的尾巴。

习性：裸耳龙蜥是保护区内最常见的爬行动物，昼行性，喜欢在清晨日出时晒太阳，在正午时躲在阴凉处休息。主要以昆虫为食，如蝗虫、蚱蜢、蜻蜓等。卵生，雌性会产下2～4枚卵，卵通常在树洞或树皮下的隐蔽处孵化。

生境：栖息在山林中、灌丛以及草丛等地。常见其于清晨或正午栖息在石块或枝干上晒太阳。

雄蜥

雌蜥

西南眼镜蛇 *Naja fuxi*

眼镜蛇科 Elapidae　　有鳞目 Squamata

形态特征： 体长120～200厘米。身体细长；头部扁平呈三角形，眼睛相对较大，呈椭圆形，上方有明显的眼镜状斑纹；身体背部为棕色或灰色，具有不规则的黑色或深棕色斑点或条纹；腹部为浅色或黄色。最显著特征是其具有一个明显的"眼镜状斑纹"，这条黑色的横带跨过眼睛，并在两侧延伸到脖子上。另外，它还具有一个伸缩性的颈部，可以将身体抬高并向前扩张，形成一个半圆形的膜。

习性： 大型前沟牙毒蛇，毒素含有强烈的神经毒素及细胞毒素，被咬后会出现痛楚及肿胀，严重的也会死亡。白天则通常躲藏在树枝、草丛或岩石下面等隐蔽的地方。以小型哺乳动物、鸟类、爬行动物、两栖动物为食。当其受到威胁时，会升起身体并将颈部扩张，以示威慑。如果进一步受到威胁，它们会张开嘴巴露出其尖牙，并发出"嘶嘶"声。繁殖期在6—8月，每窝产卵10～18枚。

生境： 多生活于平原、丘陵及山区，常见于矮树林、灌丛、竹林、农耕地、溪沟、杂草丛等环境中。

赤链蛇 *Lycodon rufozonatus*

游蛇科 Colubridae　　有鳞目 Squamata

形态特征：体长一般在80～120厘米。身体纤细，呈长圆筒形。头部长而扁平，颈部明显；身体背面为黑、红相间的斑块花纹，腹面为淡黄色或白色；眼睛相对较小，呈圆形；体覆鳞片，背部的鳞片较大，腹部的鳞片较小，尾巴末端有1圈明显的鳞环；后沟牙末端存在可以分泌毒液的腺体。

生态特征：主要在夜间活动，白天通常躲藏在地洞、岩石缝隙或树洞中。偏爱取食蛙类，有时也会捕捉小型啮齿类、幼鸟等。繁殖期在5—6月，雌蛇每次产卵数为5～15枚，卵孵化期为50～70天。

生境：常见于稻田、水田以及水源地附近。

王锦蛇 *Elaphe carinata*

游蛇科 Colubridae　　有鳞目 Squamata

形态特征：一种大型无毒蛇，体粗壮；全身黑色杂以黄色花斑，形似菜花；体前部有若干黄色横纹；头背棕黄色，鳞缘黑色，在尾下形成黑色纵线。幼蛇背面灰橄榄色，鳞缘微黑，枕后有一短黑纵纹，腹面肉色。因前额形成“王”字样黑色斑纹，故名王锦蛇。

习性：昼夜活动，肉食性，以小型哺乳动物、鸟类、爬行动物等为食。一般在春季开始繁殖，交配后的雌蛇会在夏季产卵，每窝可产卵10～20枚，孵化期约为2个月。温顺的蛇类，一般不攻击人类，当感到威胁时会做出威吓姿态，尽量避免与人类接触。

生境：栖息于山林、草丛、灌丛、田野等地，常见于海拔2000米以下的地区。

黑眉锦蛇 *Elaphe taeniura*

游蛇科 Colubridae　　　　有鳞目 Squamata

形态特征：体长150～200厘米，尾巴占据总体长的1/4左右。身体颜色为浅棕色或灰褐色；全身有黑色斑点分布，黑色斑点与身体颜色之间有浅色或白色的分界线；体表有细小的鳞片覆盖。身体较细长；头部小而扁平，具有黑色的眼线和黑色的眼眶边缘，呈现出明显的黑眉色斑。

习性：夜行性动物，白天躲在树洞或地洞中休息。主要以啮齿类动物为食，包括老鼠、鼹鼠和兔子等，也会吃其他小型哺乳动物和鸟类。它们通常会等待猎物靠近，然后在最适合攻击的时候突然袭击。繁殖季节通常在春季或夏季。雌蛇产下8～12枚卵，孵化期为45～60天。

生境：栖息在丛林、草原、灌木丛和耕地等。

保护等级：易危（VU）。

紫灰锦蛇 *Oreocryptophis porphyraceus*

游蛇科 Colubridae　　有鳞目 Squamata

形态特征：体长100～150厘米。头部较小，呈三角形，与颈部区分明显；身体粗壮，背部隆起，尾部较短；身体被覆光滑的鳞片，背部呈现出灰色或灰褐色的底色，有黑色斑点分布；腹部为白色或黄白色，有黑色斑点分布；瞳孔为圆形，瞳孔周围有黄色或橙色的眼眶环；舌头为红色；尾部有一些黑色的环带。

习性：日行性。温度适应性强的爬行动物，喜欢在树上或石头下等隐蔽处休息。以小型哺乳动物、鸟类、蛙类、爬行类等为食，偶尔也会捕食一些昆虫。

生境：生活在山区林地及其边缘，常见于农耕地附近活动或觅食。

北方颈槽蛇 *Rhabdophis helleri*

游蛇科 Colubridae　　有鳞目 Squamata

形态特征：原为红脖颈槽蛇北方亚种（*Rhabdophis subminiatus*），后变更为北方颈槽蛇独立种（*Rhabdophis helleri*）。体形中等，体长70～95厘米，通常雌性大于雄性。头为椭圆形草绿色；上唇鳞色稍浅，部分鳞沟黑色；头腹面污白色。躯干及尾背面草绿色，颈区及体前段鳞片间皮肤猩红色且存在12对腺体，躯干及尾腹面黄白色。眼较大，瞳孔圆形。后沟牙毒蛇。

习性：常在河谷坝区的水稻田、缓流及池塘中活动捕食。树栖，穴居。白天活动，多发现于农耕区的水沟附近，主要以蛙、蟾蜍、蝌蚪为食，也吃小鱼、昆虫、鸟类、鼠类。分布广，适应性强。

生境：栖息在森林、灌木丛、沼泽、潮湿的草地和耕地，特别是稻田。发现于保护区管护站附近。

黑头剑蛇 *Sibynophis chinensis*

游蛇科 Colubridae　　有鳞目 Squamata

形态特征：中小型无毒蛇。体形细长。头背灰黑色（偶见棕色）；上唇鳞白色；头颈部有1个黑斑，黑斑后缘有1条细白横纹；颈部后段常有一段黑色细纵纹；体背棕褐色；腹部白色，具腹链纹。

习性：夜行性，白天通常躲藏在树洞、石缝、草丛和地洞等隐蔽的地方。主要以啮齿动物、蜥蜴和青蛙等为食。

生境：栖息于海拔400～2000米的平原、丘陵、山区。常见于路边、河边或茶山草丛中，也见于林下或山林中的石板路上。

㊕黑线乌梢蛇 *Zaocys nigromarginatus*

游蛇科 Colubridae　　有鳞目 Squamata

形态特征：体形中等，最大雄性全长63～218厘米。头顶灰棕色；通身背面绿色或绿黄色；体后段有4条黑色纵纹达尾尖；腹面浅黄绿色有2条黑纵纹；眼大，头颈略有区别；吻鳞从头背面可见，宽大于高；半阴茎不分叉，基部外侧有大刺2～3枚，中段以上如蜂巢状，巢叶如鸡冠。

习性：与其他游蛇科成员类似，主要以啮齿类动物、鸟类以及其他小型爬行动物和两栖类为食。具有较强的攀树性。

生境：生活于海拔900～2600米的山区，常见于农田及周围草坡上，以稻田边及潮湿田埂上多见。

保护等级：国家二级；易危（VU）。

04

两栖纲

nibian

黑眶蟾蜍 *Duttaphrynus melanostictus*

蟾蜍科 Bufonidae　　无尾目 Anura

形态特征：外形较为肥胖，身体近圆形，皮肤较厚，呈深灰色或浅褐色。面部呈三角形；鼻孔大且向上翘曲；眼睛大而圆；虹膜呈黄色或棕色；背部有很多大小不同的黑色斑点，有些斑点呈椭圆形，有些呈不规则形状，斑点边缘颜色较深；腹部为白色或浅灰色，没有斑点；腿短而有力；趾端有明显的吸盘，有助于攀爬和跳跃。

习性：主要在夜间活动。主要以昆虫、蜘蛛、蚯蚓、蜈蚣等小型节肢动物为食。繁殖季节通常在春季和夏季。

生境：常见于旱地和水田。见于保护区边界外的农田生境。

中华蟾蜍 *Bufo gargarizans*

蟾蜍科 Bufonidae　　无尾目 Anura

形态特征：体形较大，体长一般在7～9厘米。体色通常为黄绿色或棕色。头部扁平，眼睛较大，呈现明显的三角形；腹部呈橙色或红色，有些个体背部也有颜色；脚上有蹼足，适应于水生环境。雄性中华蟾蜍喉部有一个类似于鼓膜的结构，被称为喉囊，可用于发出叫声来吸引雌性。

习性：主要在夜间活动，白天则躲藏在地面下或者草丛中。主要以昆虫和其他小型无脊椎动物为食，如蚊子、蚂蚁、蜘蛛、蜗牛、蚯蚓等。

生境：栖息于河边、草丛、乱石堆等阴暗潮湿的地方。见于保护区管理处的人工道路。

㊕无指盘臭蛙 *Odorrana grahami*

蛙科 Ranidae　　　　无尾目 Anura

形态特征： 中等体形，体长为5～7厘米。背部为绿色或褐色，具有不规则的暗色斑点或条纹；腹部为白色或浅黄色；眼睛中等大小，虹膜金黄色，上部有明显的黑色条纹；前肢短小，后肢较长，具有适应跳跃的趾间蹼，趾端无吸盘；背部具有1对臭腺，可分泌强烈气味的毒液。雄蛙的叫声为“咕嘟咕嘟”。颜色和斑纹等形态特征可能会因不同的环境和生活阶段而有所变化。

习性： 在产卵期间，它们会到水边寻找适合产卵的地方。夜行性动物，白天通常躲在草丛或树叶下休息。在夜晚，它们会活跃起来，寻找食物。主要以昆虫和其他小型无脊椎动物为食，如蚂蚁、蜘蛛、蜈蚣等。繁殖季节通常在夏季，雄蛙会通过叫声吸引雌蛙。在雌蛙受精后，会在水边或潮湿的地方产卵，卵孵化后的蝌蚪经过几个月的生长发育为成蛙。

生境： 常生活于中小山溪内植物茂盛以及阴暗潮湿处。见于保护区山脚的海拔1000米左右的溪流。

黑斑侧褶蛙 *Pelophylax nigromaculatus*

蛙科 Ranidae　　无尾目 Anura

形态特征：头长大于头宽；吻部略尖，吻端钝圆，突出于下唇；鼻孔在吻眼中间，鼻间距等于眼睑宽；眼大而突出，眼间距窄，小于鼻间距及上眼睑宽；前肢短，前臂及手长小于体长之半；背面皮肤较粗糙，背侧褶明显，褶间有多行长短不一的纵肤棱；后背、肛周及股后下方有圆疣和痣粒；腹面光滑。体背面颜色多样，有淡绿色、黄绿色、深绿色、灰褐色等，杂有许多大小不一的黑横纹。

习性：白天隐匿在农作物、水生植物或草丛中。受惊时能连续跳跃多次至进入水中，并潜入深水处或钻入淤泥或躲藏在水生植物间。早春时节，通常在3—4月气温回升到10摄氏度以上时，冬眠的成蛙开始出蛰并开始求偶和抱对；一般在11月上旬，其活动能力开始降低，气温下降至13摄氏度左右，陆续进入冬眠。冬眠场所多在向阳的山坡、春花田、旱地及水渠、河、塘岸边的土穴或杂草堆里，潜伏深度10～15厘米。

生境：栖息在丘陵、山区的水田、池塘、湖泽、水沟等流水缓慢的水域附近。

泽陆蛙 *Fejervarya multistriata*

叉舌蛙科 Dicroglossidae　　无尾目 Anura

形态特征：身体背面呈棕色或橙褐色，有不规则的深色斑点，有时也有淡色纵纹；背部皮肤光滑，没有明显的疣状突起；腹部为白色；眼睛相对较大，虹膜为金色或黄色；后肢长而强壮，趾端有吸盘，有利于在水中游泳和在陆地上行走。雄蛙有两侧喉囊，颜色较浅，呈淡灰色或白色。

习性：白天多躲藏在草丛或水中，晚上活动觅食。肉食性动物，主要以昆虫、蜘蛛、田螺等为食。在雨季到来时开始繁殖。雄蛙会在水中大声呼叫来吸引雌蛙，进行交配。交配成功后，雌蛙会产下数千个卵，孵化后变成蝌蚪。

生境：生活在稻田、沼泽、水沟、菜园、旱地及草丛。见于保护区山脚的海拔1000米左右的溪流。

05 昆虫纲

ecta

双斑蟋 *Gryllus bimaculatus*

蟋蟀科 Gryllidae　　　　直翅目 Orthoptera

形态特征： 成虫体长15～25毫米。前胸背板略鼓起，身体大部分呈乌黑色，而边缘稍带黄褐色；前翅略黑色而带赤褐色。雄虫前翅宽大，超出腹端；后翅发达；翅须呈须状，超出尾须和前翅。雌虫比雄虫略大；产卵瓣平直，略长于后足股节端部，尖而长，如同拖着一把尖刀。

习性： 行不完全变态发育，通常1年4～6代，以卵的形式在土壤中过冬，主要以植物的根、茎和嫩苗为食。对作物存在一定的危害性，是比较常见的农业害虫。藏匿于地表杂草丛和有多种作物的农田，以及荒野的乱石缝隙中。

长翅纺织娘 *Mecopoda elongate*

螽蟴科 Mecopodidae　　直翅目 Orthoptera

形态特征：体长为50～100毫米的大型昆虫，双翅长接近躯体的2倍。前须为长丝状，后肢长而有力。存在两种类型的拟态，翠绿色和棕灰色两种色型，用于模拟不同季节的叶片。

习性：行不完全变态发育，以卵越冬。以植食性为主的昆虫，喜食南瓜、丝瓜的花瓣，也吃桑叶、柿树叶、核桃树叶、杨树叶等，但也吃其他昆虫。白天常静伏在瓜藤枝叶或灌丛下部，黄昏和夜晚爬行至上部枝叶活动和摄食。

大斑外斑腿蝗 *Xenocatantops humilis*

斑腿蝗科 Catantopidae　　直翅目 Orthoptera

形态特征：成虫体长22～35毫米，与短角异斑腿蝗近似，但翅背为绿色，后腿侧面的黑斑并不是斜向的条纹，中央偏外有1枚独立的黑斑，后足腿节上下线间具羽状隆线，跗节3节。

习性：行不完全变态发育。以各类经济作物为食物，是常见的农林害虫之一。

黄星蝗 *Aularches miliaris*

锥头蝗科 Pyrgomorphidae　　直翅目 Orthoptera

形态特征：成虫体长37～48毫米。体较粗短，黑色或黑褐色；触角丝状黑色；头部背面黑褐色；复眼棕红色，在复眼之下具较宽的黄色斑纹；前胸背板的背面棕黑色，前后缘黄色，前缘的一对瘤状隆起橘红色；侧片的下端具1条宽3～5毫米的黄色纵条纹，与复眼下方的黄色斑相连；中后胸的腹面黄色或橘红色；双翅上有众多大小不依的黄色圆点。

习性：通常10月交配和产卵，以灌木和草丛为食。动作沉重而缓慢，只能进行短距离的跳跃，在植被上非常明显。当受到干扰或被抓住时，胸节会发出尖锐的刺耳噪声。

短额负蝗 *Atractomorpha sinensis*

锥头蝗科 Pyrgomorphidae　　直翅目 Orthoptera

形态特征：成虫体长19～35毫米。体草绿色或黄绿色；自复眼的后下方沿前胸背板侧面的底纹，有略呈淡红色的纵条纹和淡色的颗粒；头锥形，顶端较尖；背面隆起，有明显的纵沟；触角剑状，着生在单眼之间；前胸腹板突长方形，向后倾斜。

习性：成虫多善跳跃或近距离迁飞，不能做远距离飞翔。行不完全变态发育，一年发生2代，秋季是为害高峰期。以卵在土层中越冬，在无风、晴朗天气下，蝗蝻和成虫喜在向阳处或在植株上栖息；天气炎热的中午或低温情况下，多栖息在作物根部或杂草丛中。

叉角厉蝽 *Eocanthecona furcellata*

蝽科 Pentatomidae　　　　半翅目 Hemiptera

形态特征：成虫体长12～13毫米，宽6～8毫米。体黄褐色与黑褐色混杂相间，密布刻点，头部黑色；前胸背板黄褐色与黑褐色混杂镶嵌；小盾片基部黑褐色，基角有大黄斑，基缘中央有1个小黄斑；翅革片具不规则黑色云斑，侧接缘黄褐相间；翅膜片中央有一不规则黑纵带；触角第二节全部及第3～5节基部为淡黄褐色，其余黑褐色；足腿节端半黑褐色且具点斑；胫节黑褐色，中段有黄色环。

习性：行不完全变态发育，生活史分为8个阶段，卵、若虫、1～5龄、成虫，是凶猛的掠食性昆虫，通过长而尖的口器向猎物注射消化液，然后进行吸食，各种农林害虫（蚜虫、食叶甲虫、毒蛾、米蛾）都是它的食物，经常被作为生物防治的一种手段应用到农林业中。

珀蝽 *Plautia crossota*

蝽科 Pentatomidae　　半翅目 Hemiptera

形态特征：体长10～12毫米。体卵圆形，具光泽，密被黑色或与体同色的细点刻；头鲜绿色；触角第2节绿色，第3、4、5节绿黄色，末端黑色；复眼棕黑色，单眼棕红色；前胸背板鲜绿；两侧角圆而稍凸起，红褐色，后侧缘红褐色；小盾片鲜绿色，末端色淡；前翅革片暗红色，刻点粗黑，并常组成不规则的斑；腹部侧缘后角黑色；腹面淡绿；胸部及腹部腹面中央淡黄；中胸片上有小脊；足鲜绿色。

习性：以植物的汁液为食，以成虫形态越冬。通常栖息于枯草、树皮，偶尔见于温暖的室内。

麻皮蝽 *Erthesina fullo*

猎蝽科 Reduviidae　　　半翅目 Hemiptera

形态特征： 体长20.0～25.0毫米，宽10.0～11.5毫米。体黑褐色，密布黑色刻点及细碎不规则黄斑。头部狭长，侧叶与中叶末端约等长，侧叶末端狭尖。触角5节黑色，第1节短而粗大，第5节基部1/3为浅黄色；喙浅黄4节，末节黑色，达第3腹节后缘；头部前端至小盾片有1条黄色细中纵线；前胸背板前缘及前侧缘具黄色窄边；胸部腹板黄白色，密布黑色刻点；各腿节基部2/3浅黄色，两侧及端部黑褐色；各胫节黑色，中段具淡绿色环斑；腹部侧接缘各节中间具小黄斑，腹面黄白色，节间黑色，两列散生黑色刻点，气门黑色；腹面中央具一纵沟，长达第5腹节。

习性： 成虫飞翔力强，交配多在上午，交配时长达约3小时。具假死性，受惊扰时会喷射臭液。但早晚低温时常假死坠地，正午高温时则逃飞。有弱趋光性和群集性，初龄若虫常群集叶背，2、3龄才分散活动。卵多成块产于叶背，每块约12粒。成虫、若虫皆以植物叶片中的汁液为食，为害各种经济作物。

荔蝽 *Tessaratoma papillosa*

荔蝽科 Tessaratomidae　　半翅目 Hemiptera

形态特征：体长24～27毫米。成虫整体呈棕红色，宛若一颗松果；鞘翅外侧边缘有黑、白、红相间的规则花纹；复眼红褐色；触角丝状，4节；口刺吸式；前翅膜质部全红色而有光泽；前胸背板及小盾片多少具光泽，具有细密的同色刻点，有时有浅皱；位于胸部后胸腹面之间有臭腺孔1对，可以喷出臭液驱赶捕食者。

习性：成虫和若虫吸食花、幼果和嫩梢的汁液，在受到惊吓、攻击就会分泌出臭液，会损害人的眼睛及皮肤（被喷到要及时用清水冲洗），幼虫的为害有时比成虫更烈。荔枝、龙眼的主要害虫，常见于西南地区农林果树的叶片和枝干上。

合欢同缘蝽 *Homoeocerus walker*

缘蝽科 Coreidae　　半翅目 Hemiptera

形态特征：成虫体长20～30毫米。躯干翠绿色，鞘翅黑褐色中间带有3～4个白色点状斑块，触须红褐色，每一节的连接处为黑色，腿节基部2/3为浅红色。

习性：以树木植物的汁液为食。常见于柑橘、合欢、紫荆花和茄科、豆科植物上。

短翅迅足长蝽 *Metochus abbreviates*

长蝽科 Lygaeidae　　半翅目 Hemiptera

形态特征：体长10.7～11.2毫米。头黑色而无光泽，具直立长毛；复眼毛稀少；触角黑褐色，第4节基部黄白色环宽，长为最基部黑色部的4～5倍；口器伸达中足基节。

习性：行动敏捷，以其他小型昆虫为食。

毛眼普猎蝽 *Oncocephalus pudicus*

猎蝽科 Reduviidae　　　　半翅目 Hemiptera

形态特征：体长20～30毫米。整体呈棕褐色，头部小而尖，前胸背面有2条淡黄色细纹路，足节黄褐相间，翅膀上有规则的黑色斑块。

习性：以其他小型昆虫为食，见于低矮的杂草丛中。

阔颈叶蝉 *Drabescoides nuchalis*

叶蝉科 Cicadellidae　　半翅目 Hemiptera

形态特征：体长3～15毫米。单眼2个，少数种类无单眼；后足胫节有棱脊，棱脊上有3～4列刺状毛；躯干由黄、黑相间的蠕虫状花纹构成；双翅透明，有黑色脉络环绕。

习性：行不完全变态发育，以植物的叶片为食物。

鞘翅瓢蜡蝉 *Issus coleoptratus*

瓢蜡蝉科 Issidae　　　　半翅目 Hemiptera

形态特征：成虫体长为5.5～7毫米。身体的颜色有浅棕色、橄榄色和近黑色等。头部，包括眼睛，比前胸背板窄。前额的上1/3处通常是深棕色到黑色，有较浅的斑点；下部区域呈绿色、黄色或棕色。皮革质的翅膀通常显示大量深棕色交叉脉和盘状斑点。具有性二态，雌性的前翅静脉远端消失，而雄性的前翅静脉则始终突出。

习性：以各种树木韧皮和草本植物的茎为食。该昆虫无法飞行，若虫在每条后腿的基部都有1个小的齿轮状结构。这些齿轮具有相互啮合的齿，当昆虫跳跃时使腿保持同步，可以让它们跳出自身100倍的距离，当发育为成虫时则会失去这一特性。该昆虫生活在灌木丛、各种木本植物和常见落叶乔木的叶子上以及混交林中。

小瘤步甲 *Carabus gemmifer*

步甲科 Carabidae　　　　鞘翅目 Coleoptera

形态特征：成虫体长20～30毫米，宽5～10毫米。一般头部、前胸背板为亮黑色，带蓝紫色金属光泽；鞘翅墨绿色或亮黑色；背部瘤突大小不一，为光滑的反光面，根据调查发现部分个体的背甲及瘤突有时呈深绿色。

习性：行完全变态发育，一生经历卵、幼虫、蛹、成虫四个阶段。善于奔跑，多捕食鳞翅目、鞘翅目昆虫以及一些软体动物。常见于乱石堆和空旷的路面。

大星步甲 *Calosoma maximowiczi*

步甲科 Carabidae　　　　鞘翅目 Coleoptera

形态特征：成虫体长22～33毫米，宽11～14.5毫米。背、腹面黑色，背面带铜色光泽，两侧缘绿色；头被刻点和粗糙的皱褶；下颚须端节与亚端节近于相等；星斑点小，星行间有3行距，每行距上有较浅的横沟。

习性：一般一年一代，成虫白天隐藏在石缝、杂草、落叶中休息，以成虫越冬，第二年春夏出土活动。晚上是它们的主要活动时间。成虫、幼虫捕食鳞翅目幼虫（如杨树天社蛾幼虫、柳毒蛾幼虫）。在东北，大星步甲是柞蚕的重要敌害。

异角青步甲 *Chlaenius variicornis*

步甲科 Carabidae　　　　鞘翅目 Coleoptera

形态特征：成虫体长13～14毫米，宽约5毫米。体蓝黑色；头部蓝绿色，具较强的金属光泽，布细小刻点，后头刻点较大；上唇、上颚、上颚须、下唇须黄褐色；复眼突出；额沟甚清晰；触角第1～3节不具密集的短绒毛，色较淡；前胸背板蓝绿色，具金属光泽，盾形，全面密布刻点和黄色短毛；中央纵沟和基窝较浅；鞘翅蓝黑色，除小盾沟外，每侧有8条具刻点的条沟，沟间较平坦，密生闪光的黄白色短毛；胸部腹面及第1腹节有大刻点，第2腹节以后有较小的横刻纹；胸、腹部腹面被短毛。

习性：以小型昆虫为食，行完全变态发育。

淡褐圆筒象 *Cyrtepistomus castaneus*

象甲科 Curculionidae　　　　鞘翅目 Coleoptera

形态特征：体长4.8～6.0毫米。体黑褐色，被覆卵形金绿色鳞片；鞘翅鳞片瓦状覆盖，部分鳞片暗褐色，聚集成明显的斑点；头、胸的毛短而倒伏；鞘翅的毛长而直立，排成1行。

习性：幼虫以土壤中的根须为食，而成虫则以栎树和红枫树的叶片为食。

胸窗萤 *Pyrocoelia pectoralis*

萤科 Lampyridae　　　　鞘翅目 Coleoptera

形态特征：雌雄二型性。雄萤体长10～15毫米；头黑色，完全缩进前胸背板；触角黑色，锯齿状，长，11节，第2节短小；复眼较发达；前胸背板橙黄色，宽大，钟形；前胸背板前缘前方有1对大型月牙形透明斑；前胸背板后缘稍内凹，后缘角圆滑；鞘翅黑色；胸部腹面橙黄色；足黑色；腹部黑色；发光器两节，乳白色，带状，位于第6及第7腹节。雌萤体长20～25毫米；体淡黄色；后胸背板橙黄色；翅退化，仅有1对褐色短小翅牙；发光器乳白色。幼虫体长40～50毫米，黑色；背中线淡黄色；前胸背板尖梯形；前胸背板至第7腹节背板前缘及后缘角均有淡黄色斑，第8腹节背板两侧有1对三角形淡黄褐色斑点；发光器乳白色，位于第8腹节两侧。

习性：幼虫是完全的肉食性昆虫，主要以蜗牛为食物，卵第2年5月孵化。蛹期10天左右。每年10月成虫羽化。雄萤在夜晚飞行发光，雌、雄萤均持续发出绿色光。成虫具有复杂的反射性出血防卫行为。

毛角豆芫菁 *Epicauta hirticornis*

芫菁科 Meloidae　　鞘翅目 Coleoptera

形态特征：体长11.5～21.5毫米，宽3.6～6毫米。身体和足完全黑色，头红色；鞘翅乌暗，无光泽；腿节和胫节上面具有灰白色卧毛；鞘翅外缘和端缘有时也镶有很窄的灰白毛；头略呈方形，后角圆；在复眼内侧触角的基部每边有1个红色、稍凸起、光滑的“瘤”；触角11节，丝状；前胸短，长稍大于宽，两侧平行，前端1/3狭窄，在背板基部的中间有1个三角形凹洼；鞘翅基部窄，端部较宽。

习性：在北方一年发生1代。在棉田捕食蝗虫卵。

木色玛绢金龟 *Maladera lignicolor*

金龟科 Scarabaeidae　　　　鞘翅目 Coleoptera

形态特征：成虫体长约8毫米。体黑色，具丝绒般光泽；头额区仅复眼内缘具长刚毛；前胸腹板被绒毛，腹部被淡色粉层。

习性：行完全变态发育，成虫、幼虫皆以叶片为食。

毛喙丽金龟 *Adoretus hirsutus*

丽金龟科 Ruielidae　　鞘翅目 Coleoptera

形态特征：体长为9～11毫米。整体红褐色，腹面和足有时浅褐色，密被伏短鳞毛；鞘翅密布微小的白色绒毛；体长而椭圆；头大、复眼大，颜色为深棕红色。

习性：幼虫以植物的根须为食，成虫以叶片为食。主要为害蔷薇科果树、葡萄、林木、豆类及杂草等植物。

日铜罗花金龟 *Rhomborrhina mellyi*

丽金龟科 Ruielidae　　　　鞘翅目 Coleoptera

形态特征：体长25～29毫米，宽12～14.5毫米；体形较大。体稍微光亮；头部、前胸背板、小盾片多为深橄榄绿色或墨绿色泛红；触角、腿节大部分、胫节、跗节为深褐色，近墨绿或黑色；前胸背板密布较深圆刻点，盘区刻点较细小，基部最宽，两侧向前渐收狭，有窄边框，后角稍圆，后缘横直，中凹较浅；小盾片微呈长三角形，末端尖；鞘翅宽大至接近长方形；肩部最宽，向后部收狭，后外缘圆弧形，缝角突出；臀板短宽，密布锯齿状刻纹和浅褐色长绒毛；中胸腹突甚宽大，强烈前伸似铲，基部缢缩，甚光亮，稀布细小刻点；后胸腹板中间光滑，两侧密布刻纹和褐黄色长茸毛；足遍布密粗刻纹和金黄色长绒毛；中、后跳胫节内侧排列密长黄茸毛，后足基节后外端角较尖；前足胫节雄窄雌宽，外缘雌虫2齿，雄虫仅1个端齿。

习性：善于飞行，以树木的树液为食，会自己用头部凿开树皮和其他的组织，从而吸取里面的汁液，聚集会对树木造成一定危害。常见于每年5—9月，盛夏时数量较少。

异色瓢虫 *Harmonia axyridis*

瓢虫科 Coccinellidae　　　　鞘翅目 Coleoptera

形态特征：成虫体长5.4～8毫米，宽3.8～5.2毫米。虫体卵圆形，呈半球形拱起，背面光滑无毛。背面色泽斑纹变异甚大，大体分为以下3种类型的变异：①背部以橙黄至橘红色为基色，每片鞘翅分布有1～9枚黑斑，相互对称；②背部基色为黑色，鞘翅分布有白色斑块，变换方式与上述类型相似；③鞘翅边缘黑色，内部为整块白色。

习性：行完全变态发育，有较强的飞翔力，趋光性和假死性均不强，晴天气温高时活跃，有食虫卵和蛹的习性。一般为肉食性，主要以各类蚜虫和木虱、螨类等为食物，在食物缺乏时成虫也会取食花蜜和某些植物的幼嫩组织。

六斑月瓢虫 *Cheilomenes sexmacula*

瓢虫科 Coccinellidae　　鞘翅目 Coleoptera

形态特征：体长4.6～6.5毫米，宽4.0～6.2毫米。体近圆形，背稍拱起。复眼黑色；额部黄色，唯雌虫黄色前缘中央有黑斑或黑色；复眼内侧有黄斑。上唇及口器为黄褐色至黑褐色，前胸背板黑色，前缘和前角及侧缘黄色，缘折大部褐色。小盾片及鞘翅黑色，鞘翅共具4个或6个淡色斑。

习性：行完全变态发育，成虫一生可交尾多次。成虫具有较强的耐饥力，高温季节可活7～14天，绝食一周仍可多次交尾。卵产于叶背及其附近，通常8～11粒并竖排在一起。幼虫具4龄，脱皮时不食不动，身体呈弧形，用腹末节突起固着在植物上。爬行力较弱，能在植物株间扩散。在缺食情况下，有自残习性，但比异色瓢虫好得多。

木棉丛角天牛 *Thysia wallichii*

天牛科 Cerambycidae　　鞘翅目 Coleoptera

形态特征：体长27～42毫米。体背面橄榄绿，有时绿中带蓝色，但一般或多或少带紫铜色，尤以鞘翅上显著。腹面底色紫黑色，被红色与蓝色绒毛。触角蓝绿色闪光，生有多丛黑毛，最显著的是第3～5节，各节端部各有一大簇黑毛，很像洗瓶的刷子，黑毛着生于上、内、下三沿，外沿无毛；柄节下沿簇毛亦很密，第11节下沿及末端外沿毛都很长而密，形似羽毛。前胸背板前、后缘区生有朱红色绒毛，但缘区中部往往缺如。

习性：行完全变态发育。成虫产卵于树皮或者缝隙内，幼虫期较长且对树木为害较大，蛹期结束化为成虫后离开蛹室。

中华薄翅天牛 *Aegosoma sinicum*

天牛科 Cerambycidae　　鞘翅目 Coleoptera

形态特征：体长30～55毫米。体赤褐色或暗褐色。雄虫触角几与体长相等或略超过，第1～5节极粗糙，下面有刺状粒，柄节粗壮；第3节最长。雌虫触角较细短，约伸展至鞘翅后半部，基部5节粗糙程度较弱。前胸背板前端狭窄，基部宽阔，呈梯形，后缘中央两旁稍弯曲，两边仅基部有较清楚边缘；表面密布颗粒刻点和灰黄短毛，有时中域被毛较稀。鞘翅有2～3条较清楚的细小纵脊。

习性：行完全变态发育。成虫出现于夏季，生活在低、中海拔山区。幼虫会蛀食腐朽杉木；成虫夜晚具趋光性。为害苹果、山楂、枣、柿、栗、核桃等。幼虫于枝干皮层和木质部内蛀食，隧道走向不规律，内充满粪屑，削弱树势，重者导致树枯死。

黄腹蓝艳莹叶甲 *Arthrotus abdominalis*

叶甲科 Chrysomelidae　　鞘翅目 Coleoptera

形态特征：体呈卵圆形，全身黑色，光线下具暗绿色金属光泽；鞘翅下具半透明膜翅；眼于头部两侧；丝状触角于双眼之间靠近头部前段；分节附肢，末节具细小倒棘用以攀爬抓附。

习性：成虫和幼虫均为植食性，取食植物的根、茎、叶、花等。寄主植物以被子植物为主，裸子植物极少。幼虫的生活方式多样，如裸生食叶、匿居食茎、栖土食根、潜叶蛀茎等。

黄额异跗莹叶甲 *Apophylia beeneni*

叶甲科 Chrysomelidae　　鞘翅目 Coleoptera

形态特征：体长方形至长卵形；头深棕褐色至黑色，复眼位于头部两侧，丝状触角于眼前段；鞘翅完全覆于腹部，呈金绿色金属色泽，具磨砂触感；腹部具覆瓦状外骨骼用以保护；头部与鞘翅之间部分及附肢呈现浅棕色。

习性：成虫和幼虫均为植食性，取食植物的根、茎、叶、花等。寄主植物以被子植物为主，裸子植物极少。幼虫的生活方式多样，食性较成虫广泛。

黑额光叶甲 *Physosmaragdina nigrifro*

肖叶甲科 Eumolpidae　　　　鞘翅目 Coleoptera

形态特征： 成虫体长6.5～7毫米，宽3毫米。体长方形至长卵形；头漆黑；前胸红褐色或黄褐色，光亮，有的生黑斑；小盾片、鞘翅黄褐色至红褐色；鞘翅上具黑色宽横带2条，一条在基部，一条在中部以后；触角细短，除基部4节黄褐色外，其余黑色至暗褐色。腹面颜色雌雄差异较大，雄多为红褐色，雌虫除前胸腹板、中足基节间黄褐色外，大部分黑色至暗褐色。

习性： 成虫和幼虫均为植食性，取食植物的根、茎、叶、花等。寄主植物以被子植物为主，裸子植物极少。幼虫的生活方式多样，食性较成虫广泛。

甘薯肖叶甲 *Colasposoma dauricum*

肖叶甲科 Eumolpidae　　　　鞘翅目 Coleoptera

形态特征： 体卵圆形，体色变化大，有青铜色、紫铜色、蓝紫色、蓝黑色、蓝色和绿色等，多为蓝黑色，有金属光泽。触角11节，端部5节略扁平；头、胸部背面密布刻点，前胸背板呈横长方形，小盾片近方形；鞘翅布满刻点，肩胛隆起，刻点粗而明显。丽鞘亚种在肩胛后方有一闪蓝光的三角斑，而指名亚种则无此斑；丽鞘亚种鞘翅肩胛后方皱褶较粗，范围超过翅之半；指名亚种皱褶微，范围小。

习性： 成虫和幼虫均为植食性，取食植物的根、茎、叶、花等。寄主植物以被子植物为主，裸子植物极少。幼虫的生活方式多样，食性较成虫广泛。

中华萝藦肖叶甲 *Chrysochus chinensis*

肖叶甲科 Eumolpidae　　　　鞘翅目 Coleoptera

形态特征：体长20～30毫米。体粗壮，长卵形；体色金属蓝色或蓝绿色、蓝紫色；触角黑色，末端5节乌暗而无光泽，第1～4节常为深褐色，第1节背面具金属光泽。

习性：成虫和幼虫均为植食性，取食植物的根、茎、叶、花等。寄主植物以被子植物为主，裸子植物极少。幼虫的生活方式多样，食性较成虫广泛。

豆荚斑螟 *Etiella zinckenella*

螟蛾科 Pyralidae　　　　鳞翅目 Lepidoptera

形态特征：翅展21～22毫米。头、腹部粉红色或紫褐色。前翅黄褐色，沿前缘有1条白色纵带纹，由翅前缘至后角有1条灰褐色条纹；内横带黄褐色，有红褐色、金黄色镶边；亚外缘线细锯齿状，外缘有1列黑色斑点。后翅灰白色，翅脉、顶角及外缘线褐色。双翅缘毛褐色。雄性外生殖器：爪形突宽圆并被短毛；颚形突长尖刺状；抱器瓣狭长基部略宽，抱器背细长矛形略弯曲；阳端基环"V"形两臂短粗；基腹弧"U"形；囊形突宽圆；阳茎粗壮，内有3枚细长针状角状器。

习性：行完全变态发育，生活史有卵、幼虫、蛹和成虫4期。多在夜晚活动，具有趋光性。

华丽野螟 *Agathodes ostentalis*

螟蛾科 Pyralidae　　鳞翅目 Lepidoptera

形态特征：翅展24～26毫米。全身浅鹿皮黄色；头部及胸部有白点；腹部有白色环带；背面暗褐色，尾部鳞毛黑色；前翅沿前缘白色，中室端脉有1枚白色新月形斑，有1条宽的桃红色镶白边的斜线从中室到翅内缘而后向外弯曲；前翅翅顶有1枚大型带白边的半圆斑；前翅缘毛桃红色；后翅赭色无斑纹。雄性外生殖器：爪形突细长弯曲，顶端略膨大被毛；抱器瓣舌状，抱器腹端伸出1个弯曲尖突，阳端基环基部圆形，端部双叶状，囊形突宽圆；阳茎长筒状略弯曲，基端略弯曲，无角状器。

习性：行完全变态发育，生活史有卵、幼虫、蛹和成虫4期。多在夜晚活动，具有趋光性。

黄脊丝角野螟 *Filodes fulvidorsalis*

草螟科 Crambidae　　　　鳞翅目 Lepidoptera

形态特征： 翅展30～44毫米。头部黑色；下唇须闪铁蓝色光泽；头顶、胸及腹部橘红色；胸部腹面黄色；足跗节色淡；腹部各环节背面有1排黑点及铁蓝色环；腹部侧毛及尾毛铁蓝黑色；翅黑褐色，外缘渐变灰色，有时呈现外横线痕迹；前翅基部有橘黄色基斑；前翅前缘沿基部下面一半有1条铁蓝色横带，沿第2脉基部有1个黑斑，中室内有1个斑点，中室中央有另一斑点及一大形中室端脉斑；后翅色泽同前翅，有1个黑色新月形中室端脉斑。

习性： 行完全变态发育，生活史有卵、幼虫、蛹和成虫4期。多在夜晚活动，具有趋光性。

枣奕刺蛾 *Phlossa conjuncta*

刺蛾科 Limacodidae　　鳞翅目 Lepidoptera

形态特征： 翅展24～31毫米。头和颈板浅褐色；身体和前翅红褐色；前翅基部1/3较暗，外边较直，横脉纹为一黑点，外缘有一铜色光泽横带，中央紧缩，两端呈三角形斑，其中后斑向内扩散至中室下角呈齿形，铜带外衬灰白边；后翅灰褐色。

习性： 行完全变态发育，生活史有卵、幼虫、蛹和成虫4期。结茧时，附肢伸出茧外，用以保护和伪装；受惊扰时，会用有毒刺毛蜇人，并引起皮疹。以植物为食。在卵圆形的茧中化蛹，茧附着在叶间。多在夜晚活动，具有趋光性。

转尘尺蛾 *Hypomecis transcissa*

尺蛾科 Geometridae　　鳞翅目 Lepidoptera

形态特征：前翅大于后翅，双翅覆盖遮住腹部，翅下缘具纤毛；双栉节状触须于头部两侧且向两边分开；全身呈褐色，类似于树皮，具伪装作用。

习性：行完全变态发育，生活史有卵、幼虫、蛹和成虫4期。多在夜晚活动，具有趋光性。成虫常攀附在与体色相近的树干上，用以保护自己避免被捕食。

阔紫线尺蛾 *Timandra comae*

尺蛾科 Geometridae　　　　鳞翅目 Lepidoptera

形态特征：虫体呈米白色；前翅大于后翅且部分覆在后翅上；后翅尾部具尖角；前翅端部延伸出一条褐红色线条，同后翅连成一条；触角纤长明显；头部呈现深褐色。

习性：行完全变态发育，生活史有卵、幼虫、蛹和成虫4期。多在夜晚活动，具有趋光性。

诺拉奇尺蛾 *Chiasmia nora*

尺蛾科 Geometridae　　　　鳞翅目 Lepidoptera

形态特征：翅展约为42毫米。前翅外缘略有角度，雄性具有扩张的后腿胫节。前翅末端有黑色斑点，后翅带黑色斑块超出带外较多。在翅外缘下方的外部区域发现白色斑块。幼虫绿色，具浅黄色纵带。

习性：白天在树林停栖，以保护色隐藏行踪。喜夜间活动，在树干渗流汁液处或植物花丛间可见。喜欢吃嫩叶、嫩芽和花蕾等，为害果树、茶树、桑树及棉花等。1年发生1代，以蛹在较潮湿的浅土中过冬；翌年5—8月成虫陆续羽化，羽化期很长，以7月中旬至8月上旬较为集中。幼虫发生期在8月上中旬。

橄榄绿尾尺蛾 *Chiasmia defixaria*

尺蛾科 Geometridae　　鳞翅目 Lepidoptera

形态特征：翅展27～34毫米。体色橄榄绿色；翅缘颜色于体色差异较大；体触角丝状；口器发达；翅膀薄而宽大，略呈扁平形；上翅仅覆盖局部的下翅；足细长。

习性：幼虫以各类农林植物叶片为食，成虫则吸取树木汁液。生活史与诺拉奇尺蛾类似，在偏好的植物方面存在一些差异，具体特性有待进一步研究。

南鹿蛾 *Amata sperbius*

鹿蛾科 Ctenuchidae　　鳞翅目 Lepidoptera

形态特征：小至中等大蛾类，外形似斑蛾或黄蜂。成虫喙发达，但有时退化；下唇须短而平伸，长而向下弯或向上翻；头小；触角丝状或双栉伏；胸足胫节距短；腹部常具斑点或带；翅面常缺鳞片，形成透明窗；前翅矛形、颇窄，翅顶稍圆，中室为翅长一半多；后翅显著小于前翅。幼虫色泽鲜艳；具有4对腹足、1对臀足；体表常具毛瘤，其上着生长毛簇；腹足趾钩半环形。蛹光滑、坚硬、有茧。在花丛中飞翔吮吸，休息时翅张开。因为其体钝，加上后翅很小，飞翔力弱，人们常可用手去捕捉它们。

习性：成虫喜欢采食植物的花蜜；而幼虫则以植物的茎叶为食，尤其喜好嫩叶，且食量很大。成虫产卵后以幼虫越冬，第2年成长。

点眉夜蛾 *Pangrapta vasava*

夜蛾科 Noctuidae　　鳞翅目 Lepidoptera

形态特征：喙比较发达，静止时卷缩；少数喙短小。下唇须通常发达，向前或向上伸。有单眼；复眼大，半球形；少数种类复眼呈椭圆形。额圆，有时有不同形状的突起。触角呈线形、锯齿形或栉齿形。后足胫节具2对距，有时有刺。翅面斑纹丰富，颜色灰暗。

习性：成虫在夜间活动性强，具趋光性。羽化后需补充营养才能充分发育。补充营养的状况还关系到成虫发育、寿命、雌蛾卵巢内卵的成熟、产卵量以及卵的孵化率，有的雌蛾补充营养与产卵行为同时交替进行。

分夜蛾 *Trigonodes hyppasia*

夜蛾科 Noctuidae　　鳞翅目 Lepidoptera

形态特征：小型，前翅底色淡黄褐色，翅面中央自翅基到近外缘有1个顶部尖长的黑色三角斑，斑内各有1条斜带，停栖时外观呈三角形，斑形对称。

习性：分布于低海拔山区，白天喜欢于低矮的草丛上栖息，遇到骚扰会飞离，再躲进阴暗的环境，活动灵敏。

两色绮夜蛾 *Acontia bicolora*

夜蛾科 Noctuidae　　　　鳞翅目 Lepidoptera

形态特征： 体长8毫米，翅展20毫米。雄蛾头部及胸部褐黄色；前翅外线以内黄色，其余黑褐色，外线自前缘近顶角处内斜至6脉，折向内至中室上角再折向后至后缘中部；后翅灰褐色；腹部暗褐色。雌蛾全体暗褐色；前翅基部有少许黄色，前缘区中部1外斜黄斑，外区前缘有一黄色三角形斑，翅外缘有隐约的黄纹。

习性： 一般在晚间7—11时无风而闷热的天气活动最盛。趋光性很强，对糖、蜜、酒、醋有特别嗜好。夜蛾科幼虫均为植食性，多数种类且为多食性。一般种类食叶，夜间取食，白天躲在光线较暗的区域。

丽斑水螟 *Eoophyla peribocalis*

草螟科 Crambidae　　鳞翅目 Lepidoptera

形态特征：中小型；翅面黄褐色；前翅有3条橙黄色的带斑，于臀角区会合；后翅近外缘有黑色圆斑排列。雄性前翅基部有特化的鳞片而形成弯曲状；后翅近顶角处有3枚黑色的小眼纹。

习性：本种为常见的种类，数量很多，白天常出现在花朵上吸食花蜜。雌蛾于水边或水面植物产卵，孵化后的幼虫会潜入水里。幼虫身体扁平具气管鳃，于溪流中筑巢而居，以藻类为食，成熟后爬出水面羽化。

白点暗野螟 *Bradina atopalis*

草螟科 Crambidae　　　　鳞翅目 Lepidoptera

形态特征：成虫体长7～9毫米，翅展18～20毫米；体灰褐色；前翅浅黄色，翅脉灰白色，内、外横线黑褐色；后翅黄灰色，翅上具明显的横纹。卵长0.4毫米左右，长圆形，乳白色至粉红色。末龄幼虫体长16毫米，头黑褐色，体绿色或黄绿色或浅灰至红褐色；前胸背面具2个黑褐色长斑；中胸、后胸背面各具黑色毛疣4个；腹节背面生黑斑6个。蛹长10毫米左右，灰褐色。

习性：成虫于7月下旬至11月下旬活跃，有趋光性，但飞翔力不强，白天隐蔽在芝麻丛中，夜间交配产卵。卵多产在芝麻叶、茎、花、蒴果及嫩梢处，卵经6～7天孵化。初孵幼虫取食叶肉或钻入花心及蒴果里为害15天左右；老熟幼虫在蒴果中或卷叶内、茎缝间结茧化蛹。蛹期7天，成虫期9天。

黄环蚀叶野螟 *Lamprosema tampiusalis*

草螟科 Crambidae　　　　鳞翅目 Lepidoptera

形态特征：翅展15～17毫米。前翅和后翅为浅灰黄色；后翅的后中腺略呈黑色；额白色；中央微褐色；触角黄色；雄性腹面纤毛长略小于触角直径；下唇须白色，第1、2节端部外侧具黑褐色横斑，第3节鳞片扩展呈三角形，末端平截；下颚须白色，近端部具褐色环斑；领片、翅基片白色或淡黄色，翅基片上具一黑褐色斑；胸部背面淡黄色掺杂褐色，中胸中央具一褐色斑。

习性：1年发生4～5代，以幼虫在树皮缝、枯落物下及土缝中结茧越冬。翌年4月萌芽后开始取食为害，5月底老熟幼虫化蛹，6月上、中旬越冬代成虫出现；7月中旬为成虫为害盛期。成虫有趋光性，将卵产于新梢叶背。初孵幼虫有群集性，喜群居啃食叶肉，3龄后分散缀叶呈饺子状虫苞或叶筒栖息取食。幼虫活泼，遇惊扰即弹跳逃跑或吐丝下垂，老熟后在叶卷内结薄茧化蛹。在雨季该虫发生普遍，10月底老熟幼虫进入越冬期。

竹弯茎野螟 *Crypsiptya coclesalis*

草螟科 Crambidae　　鳞翅目 Lepidoptera

形态特征： 体长9～14毫米，翅展26～30毫米。体金黄色，翅外缘有1条黑褐色宽边，外缘与缘毛间有1列黑点，前翅横线3条；后翅横线1条。卵扁椭圆形，长径1.1～1.2毫米，乳白色。卵块呈鱼鳞状排列。幼虫体长20～28毫米，淡黄色，前气门前有1块，中后胸两侧各有3块揭斑。蛹长13～16毫米，红棕色。

习性： 4月下旬化蛹，5月中旬出现成虫。成虫晚上羽化，当晚迁飞到栎林取食花蜜，经5～7天交尾，雌虫再次迁飞到当年新竹梢头叶背产卵。雌产卵92～149粒，分4～8块产下。成虫趋光性强，1盏40瓦的黑光灯每晚最多可诱蛾7万余只成虫。6月上旬卵孵化，初孵幼虫吐丝卷叶，取食竹叶上表皮，每叶苞有虫2～25条。

齿斑绢野螟 *Glyphodes onychinalis*

草螟科 Crambidae　　　　鳞翅目 Lepidoptera

形态特征：中小型。翅面黑褐色；前翅有2枚白色横斑，呈弯月状；后翅外线至翅基白色，近后缘有1枚不明显的黑褐色斜斑，外线上缘具黑褐色的边纹。

习性：夜行性，白天通常躲在树皮、草丛或其他隐蔽的地方，具有趋光性。4—5月化蛹，成虫羽化后交尾，雌虫在植物新生枝头产卵。

柠土苔蛾 *Eilema nigripes*

苔蛾科 Arctiidae　　鳞翅目 Lepidoptera

形态特征：体色为柠檬黄色。喙发达；下唇须平伸达额，第2节下方具毛；额圆；单眼有弱痕迹；雄蛾触角具纤毛和鬃；足细长；胫节距颇短；腹部被粗毛。前翅长而窄，有时较短；2脉从中室中部伸出；3、4脉共长柄，少数共短柄；5脉缺，6脉从中室上角下方伸出或与7、8、9脉共柄。少数种雄蛾前翅7脉从中室伸出，10脉从中室伸出或9脉从10脉伸出与8脉形成一副室，11、12脉并接或游离。后翅2脉从中室下角前方伸出，3、4脉共长柄，5脉缺，6、7脉共柄或融合，8脉从中室中部伸出。

习性：一般在夜间活动，因为它有着很好的听觉和嗅觉，能适应夜间的生活，有趋光性。

褐桑舞蛾 *Choreutis achyrodes*

舞蛾科 Choreutidae　　鳞翅目 Lepidoptera

形态特征：小型蛾类。头部及复眼灰白色；体橙黄色；前翅宽大，近基部具白色斑点，呈多条不规律的波纹状；前翅中央上方有1条白色粗大的水平横纹。

习性：白天出现，喜欢访花。分布于低中海拔山区。

褐带织蛾 *Perialma delegate*

列蛾科 Autostichidae　　鳞翅目 Lepidoptera

形态特征：雄蛾前翅长33毫米左右。与褐桑舞蛾极为相似。触角灰褐色、双栉状。体翅颜色较褐桑舞蛾浅，褐色。胸背被有长鳞毛。前翅有2条棕红色平行横线，外线内侧衬有浅色伴线，形似2条棕红色带；亚外缘线为细弱波状线；亚外缘线与外线间呈深色迹状斑纹，较褐桑舞蛾色淡。后翅有3条横线，中、外线粗；亚外缘线细弱，其内侧较深，形似由迹状斑纹连成。两翅无明显缘线，缘毛淡褐色。雄性外生殖器形态退化；背兜侧突骨化强，为二尖角；抱器瓣为竖长骨化不全且外弓的瓣，上端宽扁，扇形，内侧有毛片和毛丛，中部较窄且具毛片和毛丛，末端圆球形；阳茎基环由2块近似四边形的骨片组成，密生细毛，下缘两中部有一刺突；囊形突宽柄状。

习性：成虫出现于春、夏二季，生活在低、中海拔山区。夜晚具趋光性。

红珠凤蝶 *Pachliopta aristolochiae*

凤蝶科 Papilionidae　　　鳞翅目 Lepidoptera

形态特征：中大型凤蝶，翅展70～94毫米。体、背皆为黑色，前、后翅均呈黑色。前翅基部颜色较深，中部和端部颜色较浅，呈黑褐色或棕褐色，翅脉为黑色；后翅中部有3～5个白斑，依次排列，中间大两边小，翅外缘有6～7个粉红色或黄褐色半月形斑纹，后翅外缘呈波浪状，有尾突。翅反面与正面大体相似，只不过后翅的斑纹较正面明显一些，且臀角处有1枚红色斑纹。

习性：速度较缓慢，姿态十分优美；幼虫寄生于马兜铃科的马兜铃属植物。成虫喜访花，常于山区路旁林缘的花丛中访花吸蜜。平地至海拔1000米的山区均可见。

柑橘凤蝶 *Papilio xuchus*

凤蝶科 Papilionidae　　鳞翅目 Lepidoptera

形态特征： 翅展为68～87毫米，雌雄异型，且有春、夏型之分。春型体小而色斑鲜艳，雌蝶比雄蝶颜色深。夏型体大，雄蝶后翅前缘中部有1个明显黑斑，而雌蝶没有；翅黄绿色，前后翅外缘有宽大的蓝灰色带斑，臀角有黄橙色斑。末龄幼虫草绿色，侧面有3条蓝黑色斜带，后胸两侧有红黑色眼状斑。

习性： 喜欢在向阳和繁茂的树林周围飞翔，雄蝶沿蝶道飞翔，喜欢湿地吸水，雌蝶无此习性，喜欢访花吸蜜。雄蝶一生可交尾多次，而雌蝶只交尾一次。幼虫取食花椒、吴茱萸、黄檗及柑橘属芸香科植物。

燕凤蝶 *Lamproptera curius*

凤蝶科 Papilionidae　　　　鳞翅目 Lepidoptera

形态特征：翅展40～45毫米。形态独特，个体较小，后翅具较长的尾突。前翅具2条透明横带，内侧1条透明横带与1条白色横带相接，白色横带与后翅的白色条纹相贯穿。末龄幼虫头淡绿色，后缘具4个暗褐色斑纹，体深绿色，体侧下方黄绿色。

习性：成虫飞行快速，可向前冲或向后退。喜欢访花吸蜜，雄蝶常在湿地上吸水，同时可见腹末的排水现象。卵单产在寄主植物嫩叶的背面，幼虫取食莲叶桐科的短蕊青藤、心叶青藤等植物。

冰清绢蝶 *Parnassius citrinatius*

凤蝶科 Papilionidae　　鳞翅目 Lepidoptera

形态特征： 翅展60～70毫米。体黑色，披有黄色长毛，颈部有1轮黄色毛丛。翅半透明如绢，翅脉褐色明显，前翅亚外缘有1条褐色带纹。中室内和中室端各有1个黑褐色斑纹；后翅内缘的黑带较宽，上披黄色长毛。翅白色，翅脉灰黑褐色。前翅中室内和中室端各有1个隐显的灰色横斑；亚外缘带与外缘带隐约可见，灰色。后翅内缘有1条纵的宽黑带。

习性： 飞行速度缓慢，常见于低海拔地区。通常以紫堇、马兜铃、延胡索、小药八旦子、全叶延胡索等植物作为宿主。成虫喜访花，吸食花蜜等。海拔1000～1500米的山区可见。

无标黄粉蝶 *Eurema brigitta*

粉蝶科 Picridae　　鳞翅目 Lepidoptera

形态特征：本种存在季节性两态，分别为湿季型和干季型。①湿季型：翅展28～44毫米；触角稍短于前翅长度的1/2，黑白相间，腹面的白点几乎相互连成一条线；胸部和腹部黄色，胸部与腹部的基部被有黑色和黄色毛，沿腹部背板的侧缘有1条黑色的纵线；整体呈现黄色至浅黄色，前翅前缘的黑带阔且相端部逐渐加宽。②干季型：与湿季型相比前翅角更尖，外缘更直，两翅出现红褐色调，前翅前缘黑带变窄。

习性：寄主为含羞草科、大戟科、苏木科、金丝桃科、鼠李科、蝶形花科等的植物。以幼虫在黑荆羽叶上越冬。越冬幼虫翌年2月中、下旬开始化蛹，3月上旬始见成虫。成虫常取食植物花蜜作为补充营养。

宽边黄粉蝶 *Eurema hecabe*

粉蝶科 Picridae　　鳞翅目 Lepidoptera

形态特征： 翅黄色至黄白色；前翅外缘平直，外缘有黑色或黑褐色宽带，与黄色区界线分明，黑带在臀角区前明显比前段加宽；后翅外缘亦具黑或黑褐色带，有时黑带较窄，特别在高温夏季羽化的成虫。翅的反面散生褐色斑点，翅中室有2个小褐点，是其重要的鉴定特征。末龄幼虫体长，28～33毫米，体绿色，体侧具灰白色纵带，雄虫在第6腹节背面可见1对浅黄色斑（精囊）。

习性： 1年多代，以幼虫越冬。成虫飞行缓慢，常在低矮的花丛中吸蜜，或在湿地吸水。卵单产，产于复叶叶轴上。幼虫取食叶下珠科植物果实（小叶黑面神），豆科的黑荆、腊肠树、黄花槐、凤凰木、决明、银合欢和鼠李科的雀梅藤等植物。

长尾蓝灰蝶 *Everes lacturnus*

灰蝶科 Lycaenidae　　鳞翅目 Lepidoptera

形态特征：翅展20～25毫米，有翅尾。翅膀腹面白色，有1列灰色断斑，中室末端有灰色斑；后翅外缘有2个眼斑。雄蝶翅背面呈紫蓝色；雌蝶翅背面呈暗灰色，中央有蓝斑。

习性：常见于灌丛和荒废的农地。飞行速度缓慢，飞行高度接近地面。雄蝶具有集群吸水的习性。

幼虫取食苏铁的枝叶

曲纹紫灰蝶 *Chilades pandava*

灰蝶科 Lycaenidae　　鳞翅目 Lepidoptera

形态特征： 翅展22～25毫米。翅正面：雄蝶呈蓝灰色，外缘呈灰黑色，后翅臀角处有1个明显的黑斑；雌蝶灰黑色，具蓝灰色光泽。翅反面淡灰褐色，具灰黑褐色纵带外，后翅的基部具4个黑斑，前缘的中央具1个黑斑，有时这些黑斑并不呈现黑色，而是灰褐色。末龄幼虫体色多变，多呈黄色或暗红色，背侧中央具暗色纵带，体上散生灰白色短刺毛。

习性： 1年多代，主要发生在夏、秋两季，热带地区整年可见。成虫飞行敏捷快速，喜欢吸食花蜜及动物排泄物。卵单产于寄主植物的嫩叶上。幼虫取食多种苏铁的嫩叶，是保护区的主要防治对象之一。

无尾蚬蝶 *Dodona durga*

蚬蝶科 Riodinidae　　　　鳞翅目 Lepidoptera

形态特征： 翅展30～42毫米。翅面黑褐色，具许多橙黄色斑；前翅端部无白斑；后翅臀角的耳垂状突不明显，后翅反面中基部具白色纵条纹。

习性： 成虫主要取食湿地和落叶上生长的细菌和藻类，也会取食花粉和动物排泄物，因此它的口器有所变化。幼虫取食禾本科的水蔗草属、簕竹属等植物，本种记载的寄主与本科其他几种蚬蝶不一样，或许有误。

金斑蝶 *Danaus chrysippus*

蛱蝶科 Nymphalidae　　　　鳞翅目 Lepidoptera

形态特征：翅展58～72毫米。翅红褐色，前翅前缘及端部黑褐色，靠近顶角横列4个大白斑，附近还有几个小白斑，外缘有不规则的小白斑排成一列。后翅外缘有黑褐色带，其中有白色小斑点分布；中室端部有3个黑褐色斑点；雄蝶在Cu_2脉基内侧有黑褐色圆形斑（性斑），雌性无此斑。翅反面的斑纹与正面相同，但前翅顶角黄褐色，雄蝶黑色性斑中间具血点。末龄幼虫体白色，具黑色及黄色环带；从前胸到腹部第8节背面各有1对黄色大斑；体上有3对肉棘，黑色，但基部红色。

习性：1年多代，在热带地区整年可见。成虫飞行缓慢，在灌木、草花上吸蜜。卵单产于叶面，幼虫以萝藦科植物为食。在小枝或叶背化蛹，为悬蛹，淡绿色，有一黑色横带，其上有金黄色颗粒。

黄裳眼蛱蝶 *Junonia hierta*

蛱蝶科 Nymphalidae　　　鳞翅目 Lepidoptera

形态特征：翅展50～55毫米，翅面上大部分区域为亮黄色；前翅翅端有一片黑色三角形区域，里面零散地分布着白色或浅黄色斑点，翅边与后缘都有1条黑色斑纹；后翅基部为一大片黑色，黑色区域中间有1个大蓝斑，闪闪发光，后翅下半部分浅黄色。翅反面呈黄褐色，前翅外部有一大一小2个圆斑纹；后翅有波浪状褐色线纹。

习性：飞行速度较缓慢，姿态十分优美。通常以爵床科的假杜鹃等植物为宿主。成虫喜访花，食花粉、花蜜、植物汁液等，且喜欢在潮湿的环境中吸水。

圆翅网蛱蝶 *Melitaea yuenty*

蛱蝶科 Nymphalidae　　鳞翅目 Lepidoptera

形态特征：前翅呈圆形或近似圆形，后翅呈扇形。翅覆着各种鲜艳的颜色和花纹，如橙色、黄色、红色、黑色等。

习性：喜欢生活在温暖湿润的环境中，并且对阳光和花朵非常喜爱。通常在清晨或傍晚时分活动，喜欢停留在花朵上吸取花蜜。幼虫主要以树叶为食，包括桑、山楂、槐的树叶。

西藏翠蛱蝶 *Euthalia chibetana*

蛱蝶科 Nymphalidae　　鳞翅目 Lepidoptera

形态特征： 翅展75～100毫米，相对大型的蝴蝶。翅通常呈白色或乳白色，而且在翅上有一些黑色斑点和纹路。翅上通常有一些透明的斑点，这些斑点在阳光下会反射光线，使蝴蝶看起来闪烁；翅边缘通常带有浅蓝色或淡紫色；具有短小的触角，触角的末端呈黑色。

习性： 主要栖息在高山地区，特别是喜马拉雅山脉和青藏高原等高海拔地区。幼虫主要以高山植物为食。通常食用豆科植物，如黄芪属等植物。通常在白天活动，喜欢在阳光明媚的天气下飞翔和觅食。活动季节集中在夏季。

黑凤尾蛱蝶 *Polyura schreiber*

蛱蝶科 Nymphalidae　　鳞翅目 Lepidoptera

形态特征：翅展约65毫米。翅正面黑色；前后翅具1条中横带，较窄，两端尖，内外侧为蓝色；前翅中横带外缘为波浪形；后翅具2个尾突。翅反面灰白色中横带的内侧具黑褐边的灰褐色横纹，外侧具“V”字形的黑褐色纹。末龄幼虫头部具2对草黄色角状长突起，中间的一对间还有1对很小的黑色突起；体绿色；腹部第3节具1个橙黄色的长形斑，前缘黑色。

习性：成虫强壮，飞行快速。幼虫吐丝在寄主植物几片叶子上做成一个“虫座”，作为白天休息的地方，而晚上外出取食。幼虫取食豆科植物。

网纹荫眼蝶 *Neope christi*

蛱蝶科 Nymphalidae　　鳞翅目 Lepidoptera

形态特征：翅展35～40毫米。前后翅脉纹黑色，翅面有许多不规则黄色斑；前翅棕色中室基部有1条黄色纵带，中部和端部各有1条横斑，中室下方有1个三角形黄斑，其余各翅室有大小不同3个黄斑；后翅外缘自M_3脉至臀角有1条橙色带，亚外缘有6个黑色圆斑，基部从前缘发出3条平行的黑色斜线。

习性：幼虫以禾本科的刚莠竹等为寄主，成虫不访花。飞行较迅速，路线不规则，常活动于林缘及林间阴处。

密纹矍眼蝶 *Ypthima multistriata*

蛱蝶科 Nymphalidae　　鳞翅目 Lepidoptera

形态特征：翅展35～40毫米，翅面为斑驳的灰褐色。前翅正反面除亚端有大眼斑外，Cu_1室决无小眼斑。后翅反面有3个亚缘眼斑，第1个眼斑不明显比第2个眼斑大，正面有1个眼斑；眼斑外缘为棕褐色，中间为白色或浅黄色环带，内部为黑色，中间存1个或2个白色或淡蓝色小斑点。

习性：幼虫以多种禾本科和莎草科植物为寄主。成虫见于5—10月，11月后以蛹状越冬。它们时常停栖在地被植物的叶面上，常于林间活动，飞行时呈上下跳跃式，速度不快，飞行高度也较低。

参考文献

段文科, 张正旺, 2017. 中国鸟类志: 下卷: 雀形目[M]. 北京: 中国林业出版社.
费梁, 2009. 中国动物志: 两栖纲: 下卷: 无尾目[M]. 北京: 科学出版社.
刘少英, 吴毅, 李晟, 2019. 中国兽类图鉴[M]. 福州: 海峡书局.
雷富民, 卢汰春, 2006. 中国鸟类特有种[M]. 北京: 科学出版社.
李凯, 朱建青, 谷宇, 等, 2018. 中国蝴蝶生活史图鉴[M]. 重庆: 重庆大学出版社.
李南林, 梁远, 2019. 100种林业常见有害生物图鉴[M]. 广州: 广东科技出版社.
马敬能, 2022. 中国鸟类野外手册[M]. 北京: 商务印书馆.
齐硕, 2019. 常见爬行动物野外识别手册[M]. 重庆: 重庆大学出版社.
史静耸, 2021. 常见两栖动物野外识别手册[M]. 重庆: 重庆大学出版社.
四川资源动物志编辑委员会, 1984. 四川资源动物志: 第二卷: 兽类[M]. 成都: 四川科学技术出版社.
宋晔, 闻丞, 2016. 中国鸟类图鉴: 猛禽版[M]. 福州: 海峡书局.
寿建新, 2016. 新版世界蝴蝶名录图鉴[M]. 西安: 陕西科学技术出版社.
杨志松, 杨永琼, 2014. 四川攀枝花苏铁国家级自然保护区综合科学考察报告[M]. 北京: 中国林业出版社.
袁锋, 2006. 昆虫分类学 [M]. 2版. 北京: 中国农业出版社.
郑光美, 2023. 中国鸟类分类与分布名录[M]. 4版. 北京: 科学出版社.
赵尔宓, 2006. 中国蛇类: 上[M]. 合肥: 安徽科技出版社.
赵尔宓, 赵肯堂, 周开亚, 等, 1999. 中国动物志: 爬行纲: 第三卷: 有鳞目蜥蜴亚目[M]. 北京: 科学出版社.
赵正阶, 2001. 中国鸟类图志: 上卷: 非雀形目[M]. 长春: 吉林科学技术出版社.
张容祖, 1999. 中国动物地理[M]. 北京: 科学出版社.

中文名索引

学名索引

R

S

T

U

X

Y

Z